The Blue Bottle Craft of Coffee

THE
Blue Bottle Craft of Coffee

Growing, Roasting, and Drinking, with Recipes

ブルーボトルコーヒーのフィロソフィー

ジェームス・フリーマン　　ケイトリン・フリーマン　　タラ・ダガン

撮影：クレイ・マクラーレン

イラストレーション：ミシェル・オット

ワニ・プラス

CONTENTS

イントロダクション / 1

栽培
Grow
13

コーヒーの栽培 / 14
精選処理 / 16
お気に入りの3つのコーヒー産地について / 22
生産者プロフィール：ローリー・オブラ（ハワイ）/ 27
生産者プロフィール：アイダ・バトル（エルサルバドル）/ 35

焙煎
Roast
41

焙煎所の1日 / 46
自宅でコーヒー豆を焙煎する方法 / 56
カッピングとコーヒーの風味の表現 / 60
自宅でのカッピング / 63

抽出
Drink
69

コーヒーを淹れる技術 / 70
ポアオーバーコーヒー / 72
フレンチプレスコーヒー / 82
ネルドリップコーヒー / 88
サイフォンコーヒー / 95
トルココーヒー / 98
エスプレッソ / 101
エスプレッソを作る / 115

レシピ
Eat
131

モーニングコーヒーのお供に / 136
コーヒーに浸して召し上がれ / 156
午後のひとときに / 186
ブルーボトルの友人たちのレシピ / 206

索引 / 225

イントロダクション
INTRODUCTION

　物心ついた頃から、私はコーヒーにはちょっとうるさかったようです。そもそものはじまりは、4歳か5歳くらいの頃に、両親が飲んでいたMJBコーヒー（MJB Coffee）のアーミーグリーンの缶を開けさせてもらったことでした。子どもには危険な缶切りを使ってコーヒーの缶を開けると、なんだかいっぱしの大人になったような気分だったのです。缶切りを差し込み、シュッと音を立てて真空状態だった缶の中に空気が入るや否や、コーヒーの香りが立ちのぼる瞬間が大好きでした。その素晴らしい香りの虜になった私は、「ねえ味見をさせてよ」と両親にねだりましたが、お許しは出ませんでした。
　　私たち家族は北カリフォルニアの田舎町、ハンボルト郡フィールドブルックに住んでいて、父は州税務局に勤め、母は専業主婦でした。両親はよくよく考えてコーヒー器具を選んだと言っていましたが、実際は見当はずれもいいところでした。家にあったのは水色のヤグルマギクの絵が描かれた、古典的なコーニングウェア（Corningware）の電気式パーコレーターで、それに父がホームセンターで買ってきたタイマーが取り付けられていました。両親は夜のうちに翌朝分のコーヒーの粉をポットにセットし、朝はコーヒーがグツグツと煮えたぎる音でみんなが目覚める。私は大人になるにつれ、それがコーヒーが不味くなっていく音だと知ったのですが、両親はそのコーヒーに特濃のミルクを入れて飲んでいました。
　　「お願いだから飲ませて！」と、何度も何度も両親に頼みこんだ結果、ついに念願の一口を飲ませてもらったのはよかったけれど、あまりの不味さに打ちのめされました。あんなにいい香りのするコーヒーが、飲んだらこんなにも不味いなんて！　実は、シュッと缶を開けて豊かな香りが一気に立ちのぼると

きこそ、そのコーヒーにとっては最高の瞬間だったのです。きちんとした焙煎もされずに、あらかじめ粉に挽かれた驚くほど安価なコーヒーが美味しいはずなどないのですが、その体験は私に強烈な印象を残し、それから長い間、「コーヒーは香りは素晴らしいけど不味い」というギャップが頭にこびりついて、もう一度飲みたいという気持ちさえ起きませんでした。

　そのショックが癒えるまでに数年を要し、「コーヒーなんて」という気持ちはなかなか消えませんでした。ところが、私の姉が結婚して新居を構えたサンタクルーズを訪れたとき、希望が見えはじめたのです。姉の夫はイタリア生まれで、我が家の流儀に反して、メダグリアドーロ（Medaglia d'Oro）の豆をミスターコーヒー（Mr. Coffee）のコーヒーマシンで淹れて飲んでいました。母は当然、このコーヒーを認めていませんでしたが。

　姉夫婦がポットから何杯もコーヒーを注いで嗜む姿はクールでいかにも若者らしく、両親のスタイルとは天と地ほどの開きがありました。交わす会話も両親が話すような道路事情や消費税、文法の間違いとは違って、ソルジェニーツィンやJ.D.サリンジャーなどの小説、リベラル派のカリフォルニア州知事ジェリー・ブラウンなどについてでした。姉夫婦が飲んでいたのは、ハーフ＆ハーフ（牛乳とクリームを半分ずつ混ぜたもの）に砂糖を加えたコーヒーで、その飲み方だけでもコーヒーは主役ではなく、社交のツールだったのだとわかるでしょう。当時12歳だった私はその頃からコーヒーを飲みはじめ、文化的な会話を楽しむようになりました。コーヒーを飲みながら時事問題について話すことで、大人の仲間入りができたように感じたのです。

　けれど姉とコーヒーを飲みはじめたからといって、自分までクールになったわけではありません。私は成長するにつれ、クラリネットに熱をあげていきました。私はまさにクラリネットオタクで、ハイスクールの9年生のときに大ヒットしていたゲーム、ダンジョンズ＆ドラゴンズ（Dungeons & Dragons）さえ途中でやめて、クラリネットの練習に時間を注ぎこんでいました。ある日、学校で同級生たちにロッカーで吊るし上げられ「フルート野郎」とからかわれたときも、「いや、これはフルートじゃなくて……」と、楽器の名前を正そうとしたほどです。

　高校卒業後は、カリフォルニア大学サンタクルーズ校に入学を決めました。キャンパスから1時間ほど離れたところにあるカーメルという街に住む有名な音楽家、ロザリオ・マッゼオのもとで学ぶためです。カーメルのロザリオのもとに通って1日4〜5時間の練習に励む傍ら、大学では哲学科に進み、膨大な文献を読みレポート提出に明け暮れる日々。次第に私はたくさんのコーヒーを飲むようになっていきました。たくさんの"不味い"コーヒーを。

　授業のレポートに取りかかっているときは、だいたい1ページごとに1杯のコーヒーを消費していました。もはやコーヒーは味わうものではなく、眠気覚ましの薬であり、ミュージシャンとして働きはじめてからは、ますますそれがエスカレートしていきました。例えば夜8時開演のオペラで、4時間連続で演奏しなければならないとすると……コーヒーなしではいられません。

　実はサンタクルーズにも当時からドリップコーヒーを出しているカフェがいくつかありました。私は家ではプラスチックのドリッパーを使っていたのですが、お金がないなりにも、たまには贅沢をしてケメックス（Chemex）のコーヒーメーカーやフレンチプレスの器具、そしてさまざまな産地のコーヒー豆を扱っている店へ出かけました。どの豆もエキゾチックで手に入りにくいものに見え、ライブ演奏で稼い

だお金が少しでも余れば、何種類かを試したものです。はじめて産地を指定してコーヒーを買ったのもその頃です。「へえ、ケニア産のコーヒー？　気になるな」なんて具合に。

　大学卒業後は著名なクラリネット教師であるカルメン・オッパーマンに師事するためニューヨークに移り、その後プロのクラリネット奏者として8年間活動しました。その間、サンフランシスコ音楽院の大学院にも進学し、フリーウエイ交響楽団の一員にもなりました。フリーウエイ交響楽団はサンフランシスコ周辺に住む150人ほどのメンバーからなり、北カリフォルニアのモントレー、ナパ、モデストなど近くの比較的小さな街にある楽団に参加するシステムでした。各楽団は5〜6週間程度しか活動しないため、私たちはいくつものオーケストラで演奏しながら生計を立てていました。

　音楽のキャリアと並行してコーヒーへの関心は高まり続け、その頃から目の細かい網状のベーキングシートとオーブンを使って自宅で豆の焙煎をはじめました。当時は、州外で演奏するために飛行機に乗ることもしばしば。例えばフェニックスに行く場合、旅先で美味しいコーヒーを飲むには自分で何とかするしかありませんでした（それは今でもそうかもしれませんね）。豆とザッセンハウス（Zassenhaus）のコーヒーミルを荷物に詰め込み、ときには小さなフレンチプレスを機内に持ち込んで、フライトアテンダントにお湯をお願いすることもありました。

　その頃、「コーヒーでは上手くいくのに、音楽家としてはどうして上手くいかないんだろう」と徐々に感じはじめていました。クラリネット奏者として、やりたくない仕事ばかりを受け、そのくせ本当にやりたい仕事のオーディションには落ち続ける毎日。そして年間3万マイル（約4万8000キロ）もの距離を運転し、ぽんこつの中古車を何台乗り換えたかわかりません。生活するために十分な収入はあったものの、好んでやりたいと思う仕事ではありませんでした。

　私の将来が決定づけられたのは1999年のはじめのことでした。フリーランスゆえの運命のいたずらか、6カ月間で作曲家ホルストの『惑星』という組曲を、3つのオーケストラで3度も演奏することになったのです。この組曲はご存じの方も多いでしょう。これをもとにジョン・ウィリアムズが『スター・ウォーズ』のテーマ曲を作曲し、さらにこの20年ほどのやたらと派手でくだらないアクション映画のために、頭を抱えたくなるような映画音楽が次々と作られました。そのうえ、20世紀初頭のイギリスのクラシック音楽界を席巻していたひどいフリギア旋法が4度目の復活を遂げていました（ゴードン・ジェイコブ、あなたのことですよ。それからエドワード・エルガー、あなたもね）。とにかく、この『惑星』という曲は、カール・オルフの『カルミナ・ブラーナ』と並んで、演奏家として年を重ねるにつれ耳をふさぎたくなる曲となっていました。1年のうちに『惑星』を3つのオーケストラで演奏した私は、モデスト交響楽団にクラリネット第2奏者として参加していたとき、「もしあと一度でもこの曲を演奏することがあれば、私はかっとなってクラリネットで他人を殴ってしまうかもしれない」、そう思うほど追い込まれたのです。違う人生設計が必要だ。それはコーヒー以外には考えられませんでした。

　しかしそう思ったのも束の間、時はドットコムブームの終焉。友人たち数名に「モンゴミュージック（MongoMusic）で働かないか」と誘われたのです。モンゴミュージックはパンドラ（Pandora）のようなインターネットラジオサービスで、基本コンセプトは「好きな曲とアーティストを入れるだけで、その人の好みに合わせた音楽が流れる」というものでした。ダイアルがずらりと並び、ライトがピカピカ光る、巨大な壁をちょっと想像してみてください。しかしその裏側で、ライトを消さないようリスたちがあ

ちこち必死に走り回っている……私たちはいわばそのリスでした。ヘッドフォンを装着したリスたちは、30秒ごとに流れてくる音楽を大あわてで分析していたのです。

平日9時から5時までという仕事はそれがはじめてでした。クラリネット奏者の頃は毎日練習をして、週末の夜に演奏。モンゴで働きはじめてからは2週間に1度給料がもらえて、モデストまで車を走らせる必要もない。まさに私が望んだ生活でした。しかし7カ月が過ぎた頃、カーキのズボンとポロシャツを着た男たちがやって来るようになります。彼らはマイクロソフトの人間でした。そしてMSNミュージックがモンゴを買収したことで、私たちはシアトルに行くことになりました。そしてあっという間にマイクロソフトはリスたちの仕事を自動化し、私は2001年の9・11同時多発テロの直後に職を失いました。

失業をきっかけに私のコーヒービジネスは始まります。この時点では、のちにはじめることになるカフェの経営は考えになく、コーヒー豆の焙煎と販売をしたいと思っていました。当時、私は自宅で焙煎していましたが、産地の違う豆を取り寄せ、焙煎度合いを変え、あれこれ実験を重ねているうちに、焙煎に没頭できる場所が必要だと気づいたのです。

オークランドのテメスカル地区、テレグラフアベニュー沿いに「入居者募集」の看板を見つけた私は、すぐにその番号へ電話をかけました。問い合わせたところ、十分な広さだとわかりましたが、予算オーバーでとても手が出ません。ところがその物件の女性オーナーがこちらの提案に興味を持ってくれて、レストラン「ドーニャ・トマス」（Doña Tomás）のパティオの脇にある小さなガレージならすぐに使えるよと勧めてくれたのです。約17㎡で月600ドル。家賃というのは交渉次第だなんて当時の私は知る由（よし）もなく、即契約しました。

十分な予算はありませんでしたが改装に取り掛かり、アイダホまで出向いて小さな赤いディードリッヒ（Diedrich）の焙煎機を購入しました。今でも木箱の封を解いて焙煎機を目にしたときのことを覚えています。「これが私の新たな仕事になるんだ！」と高鳴る気持ちを隠せませんでした。焙煎機をガレージの端に置き、衛生局の決まりに従ってタブが3つに分かれたシンクも設置しました。

あの頃の経験は、すべてをありありと思い出すことができます。コーヒー豆を焙煎し、1分間隔、ときには20秒間隔で少量ずつ豆を取り出してはコーヒーを抽出してみる。自ら学びながら発見を繰り返していく過程は素晴らしいものでした。主にやっていたのは、自分が何を美味しいと感じるかを見つけ出す作業です。そうして自分が作りたい味のイメージを明確にし、それを実現する方法を模索していきました。

隣のレストランが営業を開始する午後5時までには焙煎を終えなくてはならないため、早起きをしていました。ガレージはとても暑くなるので、ドアは開けっぱなし。小さなステレオでいつも大音量でオペラを流していました。焙煎機を設置するとすぐ、焙煎のプロファイルデータを取りはじめ、ブレンドの開発に着手。私にとっては初出店となる2002年8月中旬のファーマーズマーケットに備えていました。その後、ビジネスが軌道に乗ってきてからは、レストランが定休日の日曜と月曜には、丸1日かけて焙煎をするようになりました。のちに焙煎所となるエメリービルに引っ越すまでは、1度に約3kgしか焙煎できなかったのですが、あるときには、1回に17分かかる焙煎を連続で53回、1日のうちに行ったこともありました。これはブルーボトル社内で未だに塗り替えられていない輝かしい記録です。

当時すべてのコーヒー豆は、生豆の輸入業者であるロイヤルコーヒー（Royal Coffee）から仕入れていました。現在でもブルーボトルで扱っている豆の数種はロイヤルコーヒーからの仕入れです。エメリ

ービルにある倉庫にプジョーのステーションワゴンで乗りつけ、2〜3袋の生豆を積み込みます。見るもの聞くものすべてが未体験の世界。「イエメンから来た豆か！　驚きだ！」「これはエチオピアから？　すごい！」と心が躍るのです。そして袋を開けながら、この豆からどんなコーヒーができるんだろうと考える——今になって当時のことを思い返すと、どうかしていたとしか思えません。どこからともなくいきなり現れて焙煎士を自称し、焙煎士として振る舞っていたわけですから。小さなガレージでコーヒー豆を用意し、検品のスケジュールを立て、豆に「検査済み」のマークをつける。私がこの仕事を真っ当なビジネスとして、ここまで続けてこられたのは、ひとえに運と頑固さの賜物でしょう。

　賃料を払う以上は、コーヒー豆の販売をスタートしなければなりません。その頃は最初の妻との間に息子のダシールが生まれたばかりでした。当初の目標は、サンフランシスコのフェリービルディングで毎週土曜日に行われるファーマーズマーケットに出店すること。そのためには段階を踏んでいく必要があったので、まずは金曜日に開かれるオールドオークランドのファーマーズマーケットに出店しました。少しでも足掛かりになるよう、フェリービルディングのマーケットに出かけてはショコラティエの「マイケル ルチェッティ」（Michael Recchiuti）、バークレーにある「アクメブレッド」（Acme Bread）、「ミエッテ ケーキ」（Miette Cakes）といったお気に入りの店にコーヒー豆を配って回りました。まだ土曜日のファーマーズマーケットが小規模で、現在のフェリープラザファーマーズマーケット（Ferry Plaza Farmers Market）になる前の話です。今でこそ有名な「ルチェッティ」や「ミエッテ」も当時はまだ店舗を構えていませんでした。

　ある日オークランドのマーケットであまりに暇なので、座り込んでアダム・ゴプニクの『パリから月まで』を読みふけっていると、「ミエッテ」の創業者ケイトリンの同僚から電話がかかってきました。店のエスプレッソカートで、私のコーヒーを使いたいと言うのです。

　「やった！」と思いました。「これで、週に4ポンド（1.8kg）のコーヒー豆がコンスタントに売れる。素晴らしい！」と。

　しかし「ミエッテ」でコーヒーを作るようになって、「いかに美味しいコーヒーを作るのが難しいか」を強調しすぎてしまったようで、結局、「ミエッテ」は私にエスプレッソカートを売ってくれることになりました（あとからわかったことですが、「ミエッテ」が私のコーヒーを選んだのは単にパッケージが可愛かったからでした）。「ミエッテ」がエスプレッソカートを出している間、私は「ミエッテ」のキッチンに立ち寄り、彼女たちにコーヒーを淹れるトレーニングを行っていました。

　はじめて「ミエッテ」を訪れたときに出会ったのが、現在の妻であるケイトリンです。当時、私たちにはそれぞれ別のパートナーがいて、お互いを意識するようになるまで1年近くかかりました。ただ、ケイトリンの第一印象は「とにかく変わった人」。てきぱきとしていて、現実的で、可愛らしくて、タフな女性でした。ビンテージのドレスを着てファーマーズマーケットでケーキを売っているかと思えば、サイドキック（Sidekick）という初期のスマートフォンを片手に忙しくメールをしている。私は彼女に"レトロフューチャーからきた菓子職人"とあだ名をつけました。「ミエッテ」の菓子職人たち、とりわけケイトリンはとても魅力的でした。しっかりと地に足が着いていて、野心的、それでいて献身的で、若い。そんな女性がいるとは想像もしたことがなかったのです。のちに、私もケイトリンもビジネスのことで頭がいっぱいだったせいで結婚生活が破綻し、晴れて独り身となった2人は頻繁に会って日々の暮らしにつ

いて、あれこれ話すようになりました。バークレーのファーマーズマーケットでケイトリンたちのコーヒー販売を手伝いはじめてから数週間後、私は「ミエッテ」からエスプレッソカートを買い取り、週に2回、自分で出店するようになりました。次第に私のコーヒーは人の目を惹くようになりました。しっかりと抽出されたエスプレッソに、泡立ちの少ないぬるめのミルクを加えたショートサイズのコーヒーは、当時まだ珍しかったのです。さらに私は、普通とは違う抽出方法、豆の種類やブレンドの配合、焙煎を試そうとしていました。

　ぐらぐらする木製のドリップ台で1杯ずつ手間ひまかけてコーヒーを作るのは大変でした。ファーマーズマーケットに来る人々は待つことに不慣れだったので、「なんておかしなことをしているんだ」と思った人もいたでしょう。今でこそ、コーヒーを淹れる工程自体に関心が向けられるようになりましたが、魔法瓶からコーヒーを注いでいた当時では珍しいことでした。興味を持ってくれる人もいれば、ばかげてると思う人もいる——おそらく現在でも当てはまることでしょう。

　2003年の終わりにフェリービルディングの改装が終わると、ファーマーズマーケットはビルに隣接した広場へ移ることになりました。その後まもなく、フェリープラザファーマーズマーケットでコーヒーカートの出店枠に空き枠があることを耳にしました。その枠を得るためには、焙煎したコーヒーを持ち込み、どの店の豆かを伏せたまま審査を行うブラインドテイスティングに合格する必要がありました。ほかの店も同時にテイスティングに参加すると当日はじめて知ったのですが、競合店の男性はハンドカート（手押し車）に真っ白なトートバッグを積んで現れ、非常に洗練されたプレゼンテーションを繰り広げました。「ハンドカートとは！　なぜ思いつかなかったのだろう？」そんなことを思っている間に、私たちのコーヒーは別室の審査員のもとへと運ばれていきました。そして1週間後、選ばれたのは私のほうだったのです。

　私の出店場所はファーマーズマーケットの中でも外れのほうで、ロティサリーチキンのトラックで死角になる場所でした。開店1時間前に手伝いに来てくれるスタッフが1人いましたが、それ以外の時間は私とプジョーのワゴン、そしてカートだけが並んでいました。

　霧雨が降って人がまったく来なかった12月の土曜日が2回あったことをよく覚えています。しかし、1月に入って天気が良くなったある土曜日は、毎年サンフランシスコで開かれる冬のファンシーフー

INTRODUCTION / 7

ドショー（Fancy Food Show）の直前で、街には多くのシェフと食通たちが繰り出していました。そしてその日、ふと顔を上げると、突如として15人ほどの人が並んでいたのです。

　それ以来、行列はいつもの光景になりました。

　人々は時間がかかってもコーヒーを待ってくれました。たった2人で時間をかけて1杯のコーヒーを淹れる様子は、物珍しく映ったに違いありません。大変そうだけど、面白いと思ってくれたのでしょう。最終的にお客さんは、私のコーヒーを好きになってくれたのです。ところが私自身は困り果てていました。自分の人生を取りまく状況全体に困惑していたのだと思います。コーヒーを売っていないときは焙煎。ちょうどその頃、妻との関係がごたごたして息子の世話もあったので、いつもへとへとでした。何もかもがはじめてづくしの環境で常に緊張を強いられ、精神的にも肉体的にもきつい時期でした。

　ただ、ファーマーズマーケットで関わるようになったコミュニティやそこに属する人々は、それまでに出会った人々とは大きく違っていました。クラシック音楽業界の友人たちは、どこか冷ややかで堅苦しかった。ところが食のコミュニティにいる人々はとても温かく、私のやっていることにいつも興味津々でした。クラシック音楽の世界にいる友人たちに、「屋外でほとんどの時間を過ごし、感情豊かで、会えば無条件でハグをしてくれる不思議な人たちがいるよ」と話して回りたかったほどです。

　直接、人の口に入るものを提供し、食を通して人を養うという意味で、本能的な喜びに満ちあふれた世界。この人生の大転換はスリル満点でした。自分たちの仕事を楽しみ、私の仕事にも大きな期待を寄せてくれる。そんな人たちに囲まれながら、日々厳しい肉体労働をこなしていきました。

　コーヒーは具体的です。私はそこが好きなのです。クラリネットはひたすら練習とリハーサルの連続です。そして本番のために、円柱状の空気を振動させて、見えない筋肉を鍛えているだけにすぎません。しかしコーヒーは具体的で、飲む人の脳に化学反応を起こすことができる。エスプレッソを作るのはわずか90秒のパフォーマンスです。一回作り終えれば、また次のパフォーマンスへ移る。拍手をもらうかもしれないし、ブーイングを食らうかもしれない。それでもまた次へと進まなければならないのです。

　単なる"お出かけ"ではなく、もう一歩踏み込んだお誘いをしようと、何回かぶざまな失敗を繰り返した結果、私は「新たな卸売り顧客の視察」という口実で、何とかケイトリンをデートに誘うことに成功しました。その顧客はレストラン「アジザ」（Aziza）。今でこそ、ミシュランで星を獲得する有名店ですが、当時はサンフランシスコのリッチモンド地区の外れにある、まだ無名の店でした。オーナーシェフのムラド・ラルーは、手の込んだソースや現代的な料理手法を取り入れることで、アラビアンナイツ風の典型的なモロッコレストランからの脱却を試みていました。ケイトリンのような若くて可愛らしい菓子職人が、私みたいな神経質そうな中年男と一体何をしているのかと、周囲の人たちはさぞいぶかしく思ったことでしょうが、その日から、私はケイトリンと人生をともにすることになりました。2004年9月のことです。

　フェリープラザファーマーズマーケットの店が軌道に乗ると、今度はカフェを開きたいと思うようになりました。でも、そのための十分な資金がありません。するとサンフランシスコのシビックセンター近くにあるヘイズバレーにビルを所有している友人が、「ビルのガレージにキオスク（kiosk）を作ってはどうか」と提案してくれたのです。私は許可証を取得し、2005年1月にブルーボトルのキオスクをオープンしました。小さいながら毎日営業する初の店舗です。「果たして上手くいくのだろうか」と、不安で

した。キオスクがあるのは行き止まりの裏路地で、周辺にはひどいニオイが立ち込めていました。開業資金はクレジットカードとわずかな貯えのみ。もっと貯金をし、経験も積んでおくべきでした。それに、開業する前に、少なくとも一度くらいよそのカフェで働いておけばよかった。ところが数カ月後、ブルーボトルのキオスクは、当時のサンフランシスコのカフェではあり得ない立地、そして珍しいスタイルだったことが話題を呼び、大きな注目を集めはじめました。コーヒーのサイズは1種類だけ、フレーバーもなし、6種類のドリンクメニューのみ。エスプレッソについては、カリフォルニアでは初となるPID制御のラ・マルゾッコ（La Marzocco）のマシンを導入し、抽出は濃く、ショートサイズのみとしました。すべて注文を受けてから作り、ミルクを使ったドリンクにはラテアートを施す。コーヒーの鮮度は厳密に管理され、魔法瓶は一切なし！ ドリップコーヒーもすべてオーダーを受けてから豆を挽き、オリジナルで作ったドリップ台で抽出。今はアメリカ中のどこにでも、同じようなスタイルの店はたくさんありますが（ただし裏路地のニオイはなし）、当時はとてもユニークだったのです。

　なんとかキオスクでの営業を3年間やり抜いたあと、ついに最初のカフェをサンフランシスコのミントプラザに開業します。その後の1年で、フェリービルディングとサンフランシスコ近代美術館にカフェをオープン、またオークランドとニューヨークのブルックリンにはカフェ併設の焙煎所を建てました。1年で2つの焙煎所と4つのカフェを展開したことになります。その後、ロックフェラーセンター、チェルシー、トライベッカ、ハイラインのキオスク（すべてマンハッタン）と出店が続きました。

　もし、私にコーヒービジネスもしくはビジネス全般の経験があったら、ブルーボトルを創業することは決してなかったでしょう。「大変すぎるし、現実的じゃない。第一こんなに時間をかけてコーヒーを作っていては利益が出ない」と一蹴したに違いありません。でも、そうした先入観がなかったからこそ、より自由に冒険ができたし、自分にとって意義のあることを追究できたのだと思います。

　無知とは幸せなことです。たとえ文法が間違っていたとしても、ネイティブでない人の英語がそれぞれチャーミングに聞こえるように。例えば、コーヒーを売るときはスモール、ミディアム、ラージ、もしくはトール、グランデ、ベンティなど、いくつものサイズを用意するのが普通です。でも私はサイズ展開をしませんでした。またコーヒーを大量に作って魔法瓶に入れることも拒否しました。コーヒーは抽出後わずか数分で香りを失ってしまいますし、魔法瓶の注ぎ口をいくら眺めても、コーヒーがどのように作られているのかをお客様が知ることはできません。

　だからブルーボトルでは決めているのです。お客様ひとりひとりのために豆を挽き、フィルターに入れ、ゆっくりとお湯を注ぎならコーヒーを淹れる、と。

　私たちは、あなたひとりのために1杯のコーヒーを作り上げるのです。

——ジェームス・フリーマン

栽培

GROW

「コーヒーは缶に入っている黒い粉」なんて思っている人には、コーヒーが木に実る果実で、旬の時期があり、収穫サイクルがあることをイメージするのは難しいかもしれません。翡翠色をしたコーヒーの生豆は、焙煎豆よりも長く保存が利きますが、収穫して1年以内に味わうのが理想です(もちろん賞味期限は収穫後の袋詰めや輸送の状況、店頭での扱いによって異なります)。ひとたび、その年のコーヒーがすべて出荷されてしまえば、次の収穫期まで同じ豆は入手できません。日本には、20年以上寝かせた年代もののコーヒーを売りにしている喫茶店がありますし、イタリアにも熟成させたエスプレッソ用の豆を販売する店がありますが、いずれも稀な例です。

　　　コーヒー豆の産地として名高い中南米やアフリカ、あるいは知る人ぞ知る台湾やインドなど、幸いなことにコーヒーは世界中のさまざまな地域で1年中、収穫されています。アメリカでは唯一ハワイがコーヒーの生産に適した気候ですが、コーヒー栽培は多くの人にとっては縁のない遠い国の出来事でしょう。本章では、どこでどのようにコーヒー豆が栽培されているのかという基礎的な知識から、生産者や精選処理業者が赤くみずみずしい果実をどのように緑の生豆へと変えていくのかを解説します。またブルーボトルと密に連携しているハワイのローリー・オブラとエルサルバドルのアイダ・バトル、この2人のコーヒー生産者と私の好きな産地についても詳しくご紹介します。さらにオーガニック認証や、カップオブエクセレンス(Cup of Excellence＝COE)と呼ばれているコーヒー豆のオンラインオークションなど、私たちがどのようにして世界最高品質の豆を仕入れているのかもお話ししましょう。

コーヒーの栽培
Coffee Growing

飲料用に生産されているコーヒー豆は主にアラビカ種とカネフォラ種（俗称ロブスタ種）の2品種です。世界のコーヒー栽培の7割近くを占めるアラビカ種は、ロブスタ種に比べて品質が高く、私たちのようなスペシャルティコーヒーに携わる人々の多くはアラビカ種のみを扱っています。ブルーボトルでは、インドとマダガスカルで収穫されるオーガニック認証を受けたロブスタ種の豆のみが唯一の例外で、一部のエスプレッソに深みと油分を足すために使用しています。というわけで、ここではアラビカ種に絞ってお話ししていきましょう。

　　アラビカ種はエチオピアが原産で、商業用に生産されたはじめてのコーヒーでした。アラビカ種は非常に多くの種類があります。コーヒー貿易においてはそれぞれの種類を「品種」と呼んでいます。アラビカ種の中でもティピカ種とブルボン種は、もっとも広く生産されています。

植樹と栽培
PLANTING AND FARMING

コーヒー豆は「コーヒーノキ」という常緑樹に実る果実の種子です。コーヒーノキは放っておけば非常に高く成長しますが、たいてい約1.8〜3mに剪定されます。葉は楕円形で、「コーヒーチェリー」と呼ばれる果実はクランベリーほどの大きさ。熟すと外果皮が真っ赤になります。外果皮の内側には果肉があり、さらに「ミューシレージ」と呼ばれるベタベタした粘液が種子を包んでいます。この粘液は糖度が高く、だから果実をかじると甘いのです（しかもカフェイン入り！）。1つのコーヒーチェリーの中には普通2つのコーヒー豆が入っていて、片側が平面になっています。しかし突然変異によって丸い豆が1つだけ入っている「ピーベリー」と呼ばれるものもあります。どちらの場合でも、豆は精選処理の際に取り除かれる薄い内果皮（パーチメント）で覆われて、その内側にはさらにシルバースキンというもっと薄い皮があり、その薄皮はたいてい焙煎中に取り除かれます。

　　アラビカ種の理想的な栽培環境は、赤道を中心にして南北に緯度約10度の範囲内、標高は約900〜1830mで、一定かつ穏やかな気候を好みます。実はコーヒーは低地のほうがよく育つのですが、標高が高い土地で栽培したコーヒーのほうが、ゆっくりと育ち、密度が高く、より興味深い味わいを生み出します。コーヒーに限らず、植物はストレスが少ない環境下で早く成長します。しかし、ワイン作りでは、あえてブドウに環境的なストレスを与えます。コーヒーノキにおいても同じようにして、種子を主に生育させるのです。

　　気候と標高によっては、日よけとなる木の下でコーヒーノキを育てることもあります。「日陰栽培」と呼ばれるこの手法はコーヒーノキだけでなく、鳥の生態系を守ることにもつながります。しかしながら、ブラジルや雨量の多いハワイなどでは、コーヒーは古くから日よけなしで栽培されてきました。

　　植樹をしてから果実が実るまでには約3〜4年かかります。肥料を与え、剪定することで、収穫がしやすく、多くの実がなる木に育てます。人工的に水を供給する灌漑はコーヒー農園ではあまり行われて

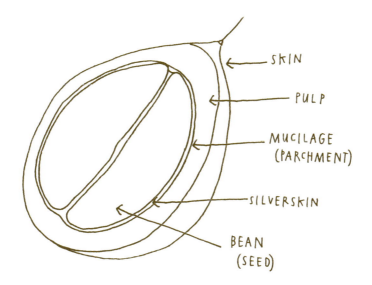

いません。だからこそ雨や嵐、干ばつが世界のコーヒー市場に大きな影響を与えるのです。

収穫
HARVEST

コーヒーは他の果樹とは違い、同じ木に何度も花が咲き、実がなり続けます。収穫時期になると何度も収穫をしなければならず、多くの人手が必要です。収穫期間は産地によって異なり、例えばブラジルでは6カ月間も続きます。そのため、ブラジルは機械を使った収穫が一般的に行われている数少ない国の1つです。収穫時期とその期間は農園の標高によって異なります。

　　　収穫期が非常に長く続くため、赤いコーヒーチェリーばかりがなっている木もありますが、花、未熟な緑やピンク色の実、真っ赤に熟した実、熟れすぎて茶色になった実など、さまざまな状態のものが混在する場合がほとんどです。そのため、よく熟したコーヒーチェリーだけを収穫するには技術が必要で、それはコーヒーの価格に直結します。ロースター（自家焙煎コーヒー店、焙煎士）がきちんと摘み取られた高品質のコーヒーを高価格で購入するようにすれば、生産者は技術の高いピッカー（摘み手）にボーナスを支払うことができます。丁寧にコーヒーチェリーを収穫することは、生産者にとってもピッカーにとっても生活水準の向上につながるのです。

　　　1本のコーヒーノキから収穫できる生豆は年間で約1〜1.4kg。そして約45kgのコーヒーチェリーからは、およそ9.1kgの生豆を採取できます。

精選処理
Processing

小規模農園の生産者が収穫したコーヒーチェリーを精選処理場へ運ぶと、コーヒー豆の旅は次の段階に入ります。それが精選処理です。これはコーヒーにとって非常に重要な工程で、果実の中から生豆を取り出して乾燥させ、輸送できるようにします。小規模農園の場合、豆はたいてい近隣の農園とひとまとめで処理されますが、大規模農園は自前で処理を行うことが通例です。しかし昨今では「マイクロロット」と呼ばれる少量生産のシングルオリジンコーヒーの需要が高まっていることから、小規模農園も自ら精選処理をしたり、ほかの農園とは分けて処理するよう厳しく管理をするようになってきました（詳細についてはp.27のローリー・オブラとp.35のアイダ・バトルの紹介で詳しく触れます）。

精選処理方法は大きく分けて2種類あります。「ウォッシュドプロセス」または「ウェットプロセス」と呼ばれる方法、そして「ナチュラルプロセス」もしくは「ドライプロセス」と呼ばれる方法です。ウォッシュドは果実を水洗いしたり、水に浸けたりして果肉を取り除いたあとに乾燥させる方法。これに対してナチュラルは果肉がついたまま豆を乾燥させるものです。この2つの処理法を基本として、さまざまな方法が存在します。

どの処理方法を選ぶかは、その土地の伝統によりますが、水源があるかないかが大きく関係します。例えば、水に乏しいエチオピアのハラール地区ではナチュラルの処理が行われていますが、雨の多い土地では乾燥に多くの時間がかかるナチュラルは不向きです。精選処理にこだわる農園では、豆の品種や、顧客のニーズによって処理方法を変えています。

ウォッシュド（水洗式）
WASHED COFFEE

「ウォッシュド」もしくは「ウェットプロセス」と呼ばれる精選処理方法は、コーヒー豆にしっかりとした酸味とブレのない味わいを与えるため、もっとも一般的な処理方法とされています。基本的な手順は以下の通りです。

まずコーヒーチェリーをパルパー（パルピングマシン＝果肉除去機）に入れ、果肉と外果皮を取り除きます。次に豆を水に浸し、ゆっくりとかき混ぜます。数時間から1～2日発酵させることで、ミューレージを含む果肉が剥がれます（発酵と乾燥の時間は使用する機械や天候によって大きく変わるため、おおよその目安）。発酵が終わったら、豆をすすぎ洗いし、パティオや高い乾燥棚に置いて、天日もしくは機械式のドライヤーで、日当たりや天候によりますが、通常なら4～8日間乾燥させます。

ケニア式の精選処理はウェットプロセスに近く、より長い時間をかけて発酵、すすぎ、水に浸す工程を行います。そうすることでしっかりとした酸味とエレガントな口当たりが生まれるのです。コーヒーチェリーの外果皮を取り除き、8～16時間かけて発酵させたら、豆を洗い、きれいな水に通常6～12時間ほど浸します。40時間ほどかけるケースもあると聞いています。

ナチュラル（自然乾燥式）
NATURAL COFFEE

「ナチュラルプロセス」もしくは「ドライプロセス」は、昔から行われていたコーヒーの精選処理法です。ナチュラルは収穫したコーヒーチェリーをそのまま高い乾燥棚やマット、またはパティオの上で乾燥させます。ブラジルには、コーヒーチェリーの実を親木につけたまま乾燥させて、小さなプルーンのようになった状態で収穫する農園もあります。ナチュラルプロセスで作られたコーヒーは、果肉がついたまま乾燥させるため、香りと味わいにはっきりとした個性が現れます。例えば、エチオピア・ナチュラルのコーヒーはフルーティでブルーベリーのような香りで有名ですが、それはこうして生まれたものです。またナチュラルプロセスで作られたコーヒーは酸味が少なく、コクがあることも特徴です。

しかしながら、この処理方法はリスクを伴います。コーヒーチェリーがいつまでも湿ったままで置かれすぎると、発酵が始まり、カビが生えて、酸っぱい酵母臭のあるコーヒーになってしまいます。それを防ぐため、通常3週間程度の乾燥期には、広げた豆を頻繁にかき混ぜなければなりません。その後、豆は数カ月間、外果皮がついたまま保管される場合もありますし、機械もしくは手作業で乾燥した外果皮と内果皮（パーチメント）を取り除く場合もあります。

ナチュラルプロセスのコーヒーは、昨今のコーヒー業界で議論になっているトピックです。専門家の中には「コーヒー豆の味というよりも、フルーツの強い味わいや、欠点が果実を通して豆に吸収されてしまうので、ナチュラルプロセスは間違っている」という人もいます。私は、素晴らしく洗練されたコーヒーも、風味が強調されすぎたコーヒーも、両方を味わったことがあるので、批評家の言葉で選択肢が狭められてしまうのは、個人的にあまり賛成はしません。

パルプドナチュラル
PULPED NATURAL COFFEE

ブラジルで主流の「パルプドナチュラル」という精選処理方法は、ウェットとドライの中間にある処理方法です。別名は「ハニープロセス」、この名前は果肉の甘さに由来しています。ウェットプロセスと同じくパルパー（果肉除去機）でコーヒーチェリーの外果皮を取り、ミューシレージは残したままにします。そのあと、水に浸す代わりに約5日から2週間、ミューシレージがついたまま大きなテーブルの上で乾燥させます。すると、ドライプロセスよりもよりブレがなく、それでいてしっかりとしたコクと少ない酸味のコーヒーに仕上がります。しかしながらドライプロセスのときに現れるような強い果実味はありません。

ウェットハリング
WET HULLING

「ウェットハリング」とは、パルプドナチュラル方式の1つで、スマトラでは「ギリング・バッサー（giling basah）」という名で広く知られています。この精選処理方法ではコクが強く酸味の少ないコーヒーが生

まれます。パルプドナチュラルと同様ですが、ミューシレージをつけた状態で乾燥させるのは約1日だけ。その後、豆を洗い、再び乾燥させ、豆が乾燥しきる前に豆の周りの内果皮（パーチメント）を取り除きます。

最終工程
FINAL STEP

これまで挙げてきたいずれかの方法で初期段階の精選処理を終えると、コーヒーは1カ月から3カ月間、水分レベルを安定させるために保管されます。ここまでの作業は少し紛らわしい名前なのですが、「ウェットミリング」と呼ばれています。その後、乾燥させた内果皮（パーチメント）を脱穀し、豆の大きさ別に選別する「ドライミリング」という工程が待っています。ドライミリングを行うのには2つの理由があります。1つはロースターが焙煎しやすいように、同じサイズ、同じ密度の豆ごとに分けるため。もう1つは収穫した豆の中からプレミア価格がつく、大きい豆を選別するためです。なぜなら、よく熟したチェリーからできたコーヒー豆は格段に美味しいと考えられているからです。選別後の保管期間はさまざまですが、コーヒー豆は収穫から1年以内、もし可能ならそれよりもっと早く消費者に届けられることが理想です。

ブレンドについて
IN DEFENSE OF BLEND

「ブレンドコーヒー」は、異なる国や地域のコーヒーを混ぜて作るコーヒーのことです。これに対して、「シングルオリジンコーヒー」とは1つの国、1つの地域、1つの農場、極端な例では特定の農場の特定の区画から収穫されたコーヒーを指します。コーヒーをブレンドで飲むべきか、あるいはシングルオリジンで飲むべきかについては、コーヒーの歴史の中でシーソーのようにその是非が移り変わってきました。現在はシングルオリジンが注目を集めていますが、希少なシングルオリジンばかりに注目することは、ワインリストに"グランクリュ ブルゴーニュ"しか載せないレストランに等しい。本当に良質なレストランのワインリストは、たっぷり楽しめる赤のハウスワインや手頃な白ワインなど、さまざまなタイプのワインを異なる価格帯で取り揃えています。人はとさおり、シンプルでいつ飲んでもブレがない美味しいコーヒーを求めます。これを実現できるのが、良質なブレンドコーヒーなのです。

私たちがブレンドを作る一番の理由は、常に安定した美味しいコーヒーを提供するためです。ちなみに「モカジャバ」と呼ばれるコーヒーがおそらく世界で最初のブレンドで、ジャワのオランダ系コーヒー企業から出荷された重みとコクのあるコーヒーと、イエメンで作られたワインのように華やかなコーヒー（当時、紅海のアルマッカ港やモカ港から出荷されていました）を混ぜて作られていました。やがてビジネスライクなコーヒー会社が現れ、年間を通じて均一な味のオリジナルブレンドを大量生産するため、シングルオリジンの生豆よりもブレンドに関心が集まるようになります。コーヒー会社は安価で品質の低いコーヒーを使用していることがバレないよう、慎重にブレンドすることで、品質をごまかし、利益を拡大することに成功しました。普段使いの缶入りコーヒーを製造する大企業が、原料のコストカットを推し進めると、品質の低下はさらに顕著になっていきます。しかし1960年代の後半にピーツコーヒー（Peet's Coffee）がブレンドの販売をはじめると、従来のブレンドコーヒーはピーツの足元にも及ばない品質だということが露呈し、撃沈してしまいます。

ピーツが厳選した高品質な豆で作った、ほどよい酸味のある深煎りのブレンドは、エスプレッソマシンが登場して以来、イタリアの市場で定番のブレンドとなりました（p.111参照）。経済的制約や、シンプルで美味しいコーヒーを求める声を背景に、イタリアのコーヒー会社は何十年も独自のエスプレッソブレンドの開発と存続に時間と精力を注いできました。エスプレッソの草創期からブレンドの豆が使用されたのには、ある理由があります。p.24で触れますが、エスプレッソが本格的に普及するようになったのは、第二次世界大戦後の高品質な生豆不足がきっかけでした。焙煎士は、アフリカのロブスタ種を含む低品質な豆と、わずかに品質が上回るブラジルの豆をブレンドしていました。どちらの豆も良くない酸味と重さ、そしてさまざまな雑味を含んでいて、もしその豆を使って、いまドリップを淹れたらゾッとするような味になるかもしれません。ところがエスプレッソでこのコーヒーを抽出すると、酸味とコクを深め、雑味を抑えてくれます。イタリア人は過去にも、コーンミールを応用してポレンタを作り出したり、チョコレートがないときには砂糖やココアパウダー、ヘーゼルナッツを使ってジャンドゥーヤを創作した実績があります。イタリアでエスプレッソが普及した理由の1つは、それらと同様で、イタリア人が低品質の原料からでも美味しいものを作る才能に恵まれていたからです。

ブルーボトルでは、それぞれの豆が持つ味わいを最大限に引き出したエスプレッソブレンドやブレンドコーヒーをお出ししていて、どれも大変人気があります。たとえ季節によって豆の入荷状況が変わったとしても、常に良質なコーヒーを提供できるよう、私たちは先を見越した準備を怠りません。もちろん、ブルーボトルでは魅力的なラインナップのシングルオリジンコーヒーを取り揃えていますが、それとは別に、いつも安心できる、ブレのない美味しさを求めてお店に来てくださるお客様が大勢いらっしゃることも理解しています。私たちのブレンドが目指すのはまさにそこなのです。

コーヒー業界で働くすべての人たちにとっての悩みは、お客様にどのコーヒーをお勧めするか、ということです。店にはいろんな種類のコーヒーがありますし、ご来店になるお客様も違います。毎週、毎年、可能な限

り変わらずに美味しいものを味わいたいのか、あるいは毎回違うコーヒーを試したいのか。ブルーボトルのコーヒーをはじめて飲む方もいらっしゃいますし、ほっと一息つくためにやって来る方もいます。ある朝にはパプリカのスパイスを求めていたけど、翌朝にはスイカ風味のキャンディを求めている、といったようにお客様方の欲しいものが急に変わるわけではありません。求められているのは、いつ購入しても美味しく、折々のシーンにふさわしいコーヒーです。さらに、目新しさや面白さ、驚きをコーヒーに求めるお客様は、シングルオリジンコーヒーを選ぶ傾向にあるように思います。

この話題において見過ごされがちなのは、毎年同じブレンドを提供し続けることは、実は高コストであり、前もって味をイメージできる技術が必要だということです。ブレンドに使用する豆は6〜7カ月前に購入を決定し、どのように使用するかを検討したうえで必要量を確保しなければなりません。コーヒーの種類が変われば、違った相互作用が生まれるので、ブレンド作りには臨機応変に対応できるスキルが求められます。シングルオリジンコーヒーの場合、話はもっとシンプルです。豆がなくなったら、他の豆を買えばよいのですから。

シングルオリジンに焦点を当てると、シングルオリジンは通年ではなく一時的にしか流通しないため、希少価値が高くなります。昨今は際立った品質のシングルオリジンコーヒーが以前に比べてずっと入手しやすくなりました。豆の味わいや個性がはっきりしている魅力的なシングルオリジンは、間違いなく他のコーヒーと混ぜることなく提供されるべきです。またシングルオリジンコーヒーを生産する農園は、その努力が認められて有名になり、経済的にも報われるようになりました。

その一方で、ブレンドにはブレンドの明確な役割があります。それは、いつでも変わらない美味しい味を届けることです。当たり前のことながら、特別なことでもあり、それがコーヒーを飲む人々を幸せにしているのです。

お気に入りの3つのコーヒー産地について
Getting to Know Coffee from Three Favorite Regions

私はコーヒーを一般論で語らないように心がけているのですが、それでもまずは、一般論からはじめましょう。コーヒー豆は、産地によってそれぞれ個性があります。地球上にあるすべての産地について語るのは大変なので、今回は私の好きな3つの産地に焦点を当ててご紹介します。

エチオピア
ETHIOPIA

エチオピアはコーヒー生誕の地です。英語の「bean」はエチオピアの言葉「bun」から、「coffee」はアラビカ種の原産地である「Kaffa」から来ていると考えられています。コーヒー生産量第6位のエチオピアは、私が今まで飲んだ中で忘れられない産地です。その名前がよく知られているのは、地域名がつけられたシダモ地区のイルガチェフェ（Yirgacheffe）やハラール（Harar）地区。例えばイルガチェフェは、品種や自然環境、伝統的なウェットプロセスによって生み出されるフローラルな香りが、ハラール地区はドライプロセスによる強く鮮やかなフルーツの風味がそれぞれ特徴です。

　エチオピアはコーヒーの原産国だけに、他のどの国よりも自生している品種が数多く存在します。他国の産地では、エチオピアやその近隣の国から密輸されたわずかな品種しか栽培されていないのに対し、エチオピアには1000以上の品種があります。"もしファーマーズマーケットで1000種類ものトマトが並んでいたら"と想像してみてください。私がエチオピアのコーヒーを飲むときはいつも「これまでに経験したことのない素晴らしい味のコーヒーに出会えるのでは」とワクワクします。

　エチオピアは国内のコーヒー市場が急速に成長していて、生産されるコーヒーのおよそ半分は国内消費です。国内のコーヒー産業はエチオピア経済の基盤であり、国内での消費量が増えるほど、コーヒー農園は利益が出ますし、品質に関するフィードバックも直接得られます。

　一方で、多くの品種がエチオピア各地から国外へ輸出されています。素晴らしいものもあれば、そうでもないものもあり、従来以上に、地域別に味の傾向を表現するのは難しくなってきています。大手のオーガニック生産組合は非常に多くの品種を生産しています。そんな中、ブルーボトルで使用するコーヒーを選定するにあたり、私たちは定期的なカッピングを行っています。テイスティングし、評価をすることが唯一、ブルーボトルの基準に合うコーヒーか否かを確認できる方法なのです（カッピングに関して詳

しくはp.60を参照）。ブルーボトルはイルガチェフェ産のドライプロセスとウェットプロセスの豆を買い付けています。私は、イルガチェフェのウェットプロセスの高品質なコーヒーに目がありません。その素晴らしい豆は繊細でフローラルな香りがあり、確かなコクと甘味もあります。それはまるでイタリアのスパークリング白ワイン、モスカート・ダスティ（Moscato d'Asti）のようです。

　　　エチオピアでは数々の素晴らしいコーヒーが発見されていて、その品種を調べるためにさらなる投資もされています。私たちはまだエチオピアのコーヒーの大きな可能性を探求するスタート地点に立ったばかり。さらに、エチオピアのオーガニック認証制度とコーヒーの精選処理場は数あるコーヒー生産国の中でも最高の水準を誇ります。

［エチオピアのコーヒーの特徴］ エチオピアはドライプロセスの豆が多く、それらはブルーベリーのような素晴らしい香りと味わいで知られています。ウェットプロセスのコーヒーもまた、ジャスミンやストーンフルーツ、シナモンやナツメグなどスパイシーで繊細な風味を有します。しかしながら、ウェットプロセスのコーヒーの風味はかすかでデリケートなので、焙煎によって消えてしまう場合があります。

［品種］ エチオピアには数多くの品種があるため、品種名ではなく番号で取引されています。ただ、エチオピアのコーヒーに限って言えば、たとえシングルオリジンのラベルが貼ってあったとしても、1つのパッケージの中に複数の品種が入っている場合があります。

酸味について
TALKING ABOUT ACIDITY

「酸味」という言葉は、コーヒー業界のプロフェッショナルたちと一般消費者の間で異なる意味を持ちます。プロたちは、かなり頻繁に「酸味」という言葉を使うのですが、できるだけプロ同士、身内の中だけ使うようにしています。なぜなら、お客様が「酸味」という言葉を使う場合は、「聞いただけでお腹が痛くなりそう！」のように否定的な意味がほとんど。つんと尖っていたり、不快な酸味のコーヒーはpH値とは直接関係がなく、ドリップに失敗したり、コーヒーを作り置きしたり、低品質の生豆を雑に焙煎したときに生まれるものです。

ブルーボトルではお客様に酸味についてお話しする際に、「明るい」「キレのある」「フレッシュな」といった言葉を使うようにしています。コーヒーのプロが「酸味」という言葉を使うときも、実はpH値の話をしているわけではなく、レモンやベリー、ヴィネガーといった新鮮な食品に含まれている特定の「酸」のことを話しています。コーヒーのプロたちは、多くのお客様が気にする以上にコーヒーの「酸味」を大事にしています。しかし、コーヒーをお求めのお客様に話す場合は、酸味が選ぶ際の判断材料にならないよう注意しているのです。

ブラジル
BRAZIL

世界最大のコーヒー生産国ブラジルは、かつて普及していた缶入りのコーヒーやエスプレッソ、粗雑なブレンドの生産に大きく関わっていました。しかし昨今私たちがブラジルに豆の買い付けに行くと、新しい世代の農園主（多くは二代目または三代目）に出会います。ヨーロッパや欧米で焙煎やサービスについて学び、カッピングを頻繁に行っている彼らは、エスプレッソブレンドのベースになるような、穏やかな風味の豆だけではなく、力強く、個性的で、高品質なシングルオリジンコーヒーも作りはじめています。

　ブラジルで最初にコーヒーが植樹されたのは18世紀で、1800年代に入るとサンパウロ周辺で商業生産が始まりました。初期の農園は奴隷労働によって支えられ、やがて奴隷制度が非合法化されると、移民（事実上の奴隷）労働に移行しました。19世紀、ブラジルではコーヒー農業が急速な発展を遂げ、世界のコーヒー市場をほぼブラジルが独占していました。しかし、それは大規模な森林伐採を引き起こす結果となりました。1900年代の前半に世界のコーヒー生産量の80％を占めていたブラジルは、現在30％にまで減少しています。コーヒーはブラジルの国家産業として大きな役割を果たしてきたのです。

　ブラジルではさまざまな精選処理方法でコーヒーが作られており、豆にもいろんな特徴があります。その1つが、ブラジルではじまった「パルプドナチュラル」という精選処理方法です。大量生産、恵まれた天候、日陰となる木の不足などの要因から、初期のコーヒー豆はほとんどがドライプロセスで作られていましたし、今でも多くの農園で採用されています。パルプドナチュラルで作られたコーヒー豆は、第二次世界大戦後のイタリアで流行したエスプレッソとの関係上、非常に重要な存在になりました。当時はドライプロセスで作られた低品質のブラジルの豆と、北アフリカ産のゴムのような味がするロブスタ種しか手に入らない時代。パルプドナチュラルで作られたコーヒーが持つ、酸味が少なくしっかりとしたコクと甘味、洗練された味わいなど、これまで流通していた豆にはない特徴が評価されました。1980年代に入ると、イリー（illy）のような大企業が登場したことで、より多くの農園がエスプレッソ抽出に適したパルプドナチュラルを取り入れていきました。

　1999年にブラジルでスタートしたカップオブエクセレンス（COE）オークションは、高品質なコーヒーを嗜好品として楽しむ文化を加速させました。以来10年以上、COEでは熱心にカッピングが行われ、小ロットでも最高品質のコーヒーを生産する農園を讃え、高値で豆を取引しています。地元のカフェ

の文化はまだ産声をあげたばかりで、未だに高品質の豆の多くは国外へ輸出されています。しかしブラジルの経済は急速に発展し、最近では良質な豆が国内で消費されるようになりつつあります。しかも、興味深いことに、ブラジルでは外国産のコーヒー豆を輸入することは違法とされているため、増加し続ける富裕層がコーヒーを楽しもうにも、法律的に制限されているのです。このことがブラジルの高級カフェの発展にどう影響を与えるのかは、現時点ではわかりません。

オーガニック認証を受けたコーヒー農園は、まだブラジルではごく稀です。ブルーボトルが購入するブラジルの豆はほぼすべてがオーガニックで、私たちは長年をかけて大切につき合ってきた小規模な農園と取引しています。

[**ブラジルのコーヒーの特徴**] ブラジルのコーヒー豆はその多くが標高約550〜1220mで育てられています。その結果、味はまろやかで、高地で育った豆よりも味がぼんやりしている傾向にあります。しかし、ナチュラルやパルプドナチュラルの精製方法は豆の個性を引き出します。美しく、丸みがあって、ブレが少なく、高品質なのに、あまり強い主張はない。また、糖蜜や砂糖を思わせる甘味があり、フルーティさは少なめです。良質なブラジルのコーヒーの特徴は心地良く、親しみやすい飲み口で、他の豆に馴染みやすいのです。

[**品種**] ブルボンやティピカといった古来の品種に加えて、ブラジルには少ない酸味とチョコレートの風味が特徴のイカツ種、甘味があり高い生産量を誇るムンドノーボ種、そして華やかな風味のカトゥアイ種などがあります。

スマトラコーヒーのレガシー
THE LEGACY OF SUMATORA

ピーツコーヒーの影響で、北カリフォルニアの多くのコーヒー愛好家たちは、ウッディで泥炭質のインドネシア産やスマトラ島産のコーヒーを好むようになりました。私はブルーボトルを設立した当初、スマトラのシングルオリジンコーヒーは一切売らないと決めました。というのも、出せばそれ以外、誰も買ってくれなくなるだろうと思ったからです。豆の独特な個性は処理方法に起因するところが大きく、シングルオリジンコーヒーで同じくらい個性を持った豆を見つけるのは至難の業です。

その代わり、ブルーボトルのエスプレッソやドリップ用のブレンドには、オーケストラでいえばチェロのように、深みを出すことでベースの役割を果たす、クリーンなスマトラコーヒーを使用しています。とはいえ、この数年、私たちはスマトラ島近くのスラウェシ島にあるトラジャ地区から取り寄せたフリーウォッシュドのシングルオリジンも焙煎するようになりました。この豆は力強く個性的な味わいで深みがあり、繊細なブレンドの中では他の豆を圧倒してしまうほど。とにかく、この豆はシングルオリジンコーヒーとして、その個性的な味わいを楽しんでもらいたいと思います。

エルサルバドル
EL SALVADOR

エルサルバドルのコーヒー栽培は、外国人が先住民の土地を収奪した19世紀後半から暴力の歴史とともに歩んできました。1980年から1992年にわたるエルサルバドル内戦でのゲリラ活動は、搾取された農場労働者の窮境が引き起こした側面もあります。戦時中に失われたものは大きいですが、「こうした混乱が、絶滅してしまう可能性のあった古いコーヒーの品種を現代に残すことにつながった」という見方もされています。12年間続いた内戦によって農園は近代化を逃しました。しかし、その結果、多くの古い品種が生き延びたのです。

　　エルサルバドルの素晴らしいコーヒーを私が仕入れる理由の1つは、複雑な風味をかき消さないしっかりとしたボディです。私は最高のエルサルバドルコーヒーが持つ、濃密でワイルドな味わいが好きなのです。

　　多くのコーヒー産地と同じく、エルサルバドルのコーヒー農園の大半は標高の低い土地にあり、一般大衆向けのコーヒーを生産しています。しかし標高が高い場所にはきちんとした設備があり、太平洋の良港、アカフトラ港にアクセスがよく、気候にも恵まれ、農園ではブルボン種やパーカス種など、味がよく希少な品種を保全すべく専念しています。これらの要素が合わさっているところも、私はお気に入りなのです。

[**エルサルバドルのコーヒーの特徴**] 素晴らしいエルサルバドルのコーヒーは、複雑な味わいと甘味、コクとなめらかなボディが見事に調和しています。

　　幸運なことにブルーボトルは、アイダ・バトル（p.35参照）が生産する、ロスナランホス地区のエルマハウアル農園のコーヒー豆を仕入れています。小ロットで高品質のこのコーヒーは、ブラウンシュガーや、ときおりプラム、バター、トフィーのような風味を持ち、豊かな味わいと甘い余韻が長く残ります。私たちが訪れるタイミングがよいと、ウォッシュド、ドライ、パルプドナチュラル、そしてアイダが「スマルバドル」と呼ぶウェットハリングなど、4パターンの精選処理をしたエルマハウアルの豆を手に入れることができます。

[**品種**] エルサルバドルの主な品種はブルボン種、ティピカ種、そしてパーカス種です。パーカス種はブルボン種の突然変異種で、フローラルで華やかな風味としっかりとしたボディが特徴です。

生産者プロフィール：ローリー・オブラ（ハワイ）
Farmer Profile:Lorie Obra,Hawaii

世界のコーヒー産地が遠方にある中、ブルーボトルは、たとえるなら自分たちの裏庭のような場所に、取引している農園があることを嬉しく思っています。ラスティーズハワイアン（Rusty's Hawaiian）はハワイ島の南端にある約4.9ヘクタールの農園です。オーナーのローリー・オブラはさまざまな精選処理方法に挑戦しながら、実に素晴らしい成果を残してきました。私は過去にラスティーズを訪ねたことがあるのですが、最近また彼らがどのようにコーヒーを育て、精選処理を行っているのかを学ぶために農園を訪れることにしました。

ラスティーズはハワイ島のカウ地区、マウナロア火山の斜面にあり、コナコーヒーの生産地域からはおよそ97km離れています。標高は約610mで、ハワイの中では比較的標高が高いほうです。

ローリーは地元でも評判のカウコーヒー生産者グループの一員です。彼女と今は亡き夫のラスティーは、医療技師と薬剤師として働いていたニュージャージーから引っ越し、1999年にこの地で農園を開設しました。ラスティーの両親は1996年の閉園までこの地域で最大だったサトウキビ農園で働いていて、ローリーとラスティーはその近くに移住したいと考えていました。ローリー曰く、引っ越した当初はダンキンドーナツ（Dunkin' Donuts）のフランチャイズ店か、小さな宿でも開くつもりだったそうです。ところが当時、手つかずのサトウキビ農園をコーヒー栽培へと転用するムーブメントがあり、その先駆けとなった友人のコーヒー農園を見て心が動きます。「コーヒー農園で赤く熟れたチェリーがいっぱい実った木々に出会ったとき、私たちはお互い言葉を交わさなくても、"コーヒー農園をやるんだ"と深く心に刻みました」と彼女は振り返ります。

2人は、山と野生のサトウキビに囲まれた、太平洋を臨むマウナロアの南斜面の土地を確保します。コナとカウにいる家族ぐるみの友人たちから苗木を寄付してもらい、ほとんどボランティアによって、約3.6ヘクタールの土地に7000本のコーヒーノキを植えました。もっとも近い処理場でもコナまで行かなければならなかったので、自分たちで精選処理を行うことを決め、パルパーやパーチメントを剥がすためのハウラーから小さな焙煎機まで、必要な設備を買い揃えました。2人にはサイエンスの知識と研究所で働いた経験があったので、器具がコーヒーの品質にどう影響するかを知っており、すべてを自分たちで管理したかったのです。

しばらくすると、カウコーヒー生産者組合を率いるラスティーのもとへ新しいコーヒー生産者たちが訪れます。生産者の1人、ウィリアム・タビオスは、「将来が不安なんだ」とラスティーに打ち明けました。そんなウィリアムにラスティーは明るい未来はすぐそこまで来ていると保証し、その言葉通り、2007年の米国スペシャルティコーヒー協会で、タビオスのコーヒー豆は世界第6位に入賞しました。そしてローリーを含むカウのコーヒー生産者たちは、それ以降、さまざまな賞に輝き続けています。

残念ながら、ラスティーは組合や自身の農園の成長を目にすることはできませんでした。ガンと診断されたためです。ローリーが1人で続けるには荷が重すぎると、ラスティーは農園を手放すようローリーを説得しました。ところが2006年にラスティーが亡くなったとき、農園を引き渡す相手を見つけられず、結局ローリーは農園運営を続けることにしました。

　2008年、ローリーの土地のオーナーは、カウのコーヒー専門家をローリーたちのもとへ連れてきました。その中には、ミネソタ州のラムゼーにあるパラダイスコーヒーロースターズ（Paradise Coffee Roasters）の焙煎責任者 R. ミゲル・メザもいました。彼はローリーのアドバイザーとなり、ローリーがミネソタに送ってくる、精選処理方法や発酵時間の違う生豆のサンプルをチェックしてくれました。

　やがて、ミゲルはコナにあるフラダディコナコーヒー（Hula Daddy Kona Coffee）で働くためにハワイに引っ越し、週末にはローリーの農園を訪れ、木を見たり、さまざまな実験をしたり、彼女にカッピングをレクチャーしたりしました。彼女のコーヒーの需要が増え、忙しくなる一方で、ローリーは相変わらず収穫から出荷までのすべてを自分1人でこなしていました。それを見かねて、ジャーナリストをしていた娘ジョアン・オブラと義理の息子ラルフ・ガストンの夫婦が、農園を手伝うためカリフォルニアから移住することを決意します。ミゲルもカウに移り、その後すぐに米国バリスタチャンピオンのペタ・リカタもチームに加わりました。ラスティーの運営に加えて、彼らはハワイや台湾などの地域の生産者と協業してカスタムロットを作るコーヒー企業、イスラコーヒー（Isla Coffee）のパートナーにもなりました。

　ラスティー農園は数々の名声を得て、コーヒー豆の売り上げをさらに増やしました。「これでラスティーも浮かばれるわ」とローリーは語ります。「ラスティーのビジョンは、カウコーヒーが世界中の優れたコーヒーと肩を並べることだったの」。彼女の手首には、コーヒーノキの葉とコーヒーチェリーで作

ったレイに囲まれた、ラスティーの名前のタトゥーが刻まれています。「カウコーヒーの革命の一部を担いたい。そしてカウコーヒーの価値を高めたい。それを目標に一生懸命励んできたわ」と彼女は言います。

　ハワイは人件費が世界のほかの地域と比べて高いことから、コーヒー豆の値段も比較的割高です。でも、ラスティー農園が作る高品質のコーヒーを見れば、その価格にも納得していただけるでしょう。ローリーは、「ファーマーズマーケットで一番良いイチゴを選ぶときのように、きれいに完熟した色のチェリーだけを選んでほしい」とピッカーに言います。それは緑でも、半熟でも、熟しすぎた茶色でもだめなのです。

　ローリーによれば、ピッカー1人につき1時間に約5.5kgの完熟チェリーを収穫できます。この量は、焙煎されたコーヒー豆約0.9kgに相当します。加えて、それぞれのロットごとの処理に数時間かかります。

　「ハワイのコーヒー豆は決して高価ではありません。ただ、他国のコーヒーが安すぎるだけです」

　ラスティー農園では、所有するおよそ6000本（最初の植樹から木を間引いたため）の木の1本ずつから、それぞれ年間約0.45kgの生豆を作り出しています。農園のほとんどを使い、グアテマラティピカ、イエローカトゥーラ、レッドカトゥーラ、レッドブルボンの4品種を育てています。カウにある彼らの地域の収穫期はだいたい11月から5月で「クラウドレスト」と呼ばれています。しかしローリーは収穫期以外にも標高が異なる他のカウの生産者から新鮮なコーヒーチェリーを購入することができます。そして自分の農園のものも他の生産者のコーヒーチェリーもすべて独自の方法と高い基準によって精選処理しています。

　収穫されたコーヒーチェリーは、精選処理のために農園から10分ほど山を下ったところにある小さな街、パハラにあるローリーの家へ運ばれます。精選処理は収穫日のうちに行い、ローリーやミゲル、ペタ、ジョアン、そしてラルフは1年のうち8〜10カ月間、遅い時間まで働いています。

　ローリーは精選処理の手法を、品種、天候、顧客の要望に合わせて変えているのですが、どの処理を行う場合でも、最初にすることはコーヒーチェリーを水に浮かべる作業。これはコーヒー生産では一般的な方法です。水の中で浮いてきた実は、豆の密度が低い証なので、未熟で風味や甘味に欠けるため取り除きます。そしてローリーが他の同業者と異なる点は、細心の注意を払いながら、水に沈んだチェリーをさらに選別していくことです。熟れすぎていたり、未熟なもの、あるいは色にむらがあるコーヒーチェリーを取り除いて、はじめて、次の精選処理工程に移るのです。

精選処理
PROCESSING

ほかの生産者と同じく、ローリーはウェットプロセスを多く採用しています。まずコーヒーチェリーをパルパーに入れ、ホースを使って水をかけチェリーから外果皮を取り除きます。粘液で覆われたコーヒー豆をパルパーから出したあと、バケツに移して冷水で満たし、一晩かけて発酵させます。これまでの試行錯誤を経て、ローリーは8〜10時間の発酵時間が彼女のコーヒーにとって最適と発見しました。そしてその間に、しばしの休憩を取ることができます。

　翌朝、豆が浸かっていた水は茶色く濁っています。プールポンプを使って液体を吸い取り、きれいな水で豆をすすぐと、果肉は取り除かれ、やすりのようにざらざらとした手触りになっています。それを、次は庭一面に設置された腰の高さほどある網の乾燥棚の上に並べます。各棚にある波状のビニールカバーは雨除け用です。豆は太陽の下で、5〜8日かけて乾燥させます。

　ドライまたはナチュラルプロセスの場合、ローリーは豆の選別後すぐ乾燥棚にチェリーを広げ、豆の水分量が10〜11％になるまで乾燥させます。その期間は天候によって異なりますが、通常は3週間。カビや不要な発酵を防ぐため、乾燥中は頻繁にチェリーをかき混ぜます。3〜5日目にかけて、外果皮が固くなり破れなくなったら、1時間に1回の頻度でかき混ぜます。

　パルプドナチュラルプロセスの場合は、外果皮を取り除いた状態のチェリーを乾燥棚に並べます。1日目は、豆を均等に乾燥させ、カビの発生を防ぐために20分おきにかき混ぜます。かき混ぜる回数が頻繁なので、ジョアンはしばしば裏庭にPCを持ち込んで、合間に仕事をしているほど。2日目以降は、1日2回、天候次第で5〜10日かけて乾燥させます。

最終工程
FINAL STEP

ウェット、ドライ、パルプドナチュラルといった処理を経たコーヒー豆は、特殊な袋に詰められ倉庫に保管されます。そこでウェットとパルプドナチュラルの豆は3カ月間、ドライプロセスの豆は4〜5カ月間寝かせます。ローリー曰く「私のコーヒーにはビューティスリープが必要なの」。ミゲルの説明によれば、この工程は草っぽさや渋みを抑えてくれるのだそうです。

　どの精選処理法を行ったとしても、生豆は収穫から9カ月以内に焙煎されることが理想です。豆が出荷の準備を迎えると、ハリングという機械にかけてパーチメントを取り除き、さらに小粒の豆や欠陥豆を選別します。その後、生豆はハワイ州農務省の検査と認証を経て、顧客のもとへと運ばれるのです。アメリカ国内の顧客にとって大変嬉しいのは、ラスティー農園の貨物は他国からの豆と違って税関を通らないことです。そのためブルーボトルへも格段に早く到着します。

カップオブエクセレンス
THE CUP OF EXCELLENCE

この10年でコーヒーの世界で起きた大きな変化といえば、「カップオブエクセレンス（COE）」の影響力を抜きには語れません。COEは現在、世界でもっとも名高い国際コーヒーオークションで、1999年にコーヒー関係者たちが、まだ知られていない生産者の優れたコーヒー豆を入手しやすくするために設立しました。

COEは豆によって異なる個性を持つ、シングルオリジンコーヒーの認知度を世界的に高めました。例えば、低地で作られたコーヒーでも十分に美しく、一流のコーヒー豆と評価されることがしばしばあります。そういったロットが高い価格で取引されることで、生産者は品質の高いコーヒーには確たるマーケットがあることを認識します。慈善目的の取り組みとは対照的に、COEは品質を重視しているのでCOEのオークションでは高品質のコーヒーに高い評価、つまり高値がつくのです。

世界中のほとんどのコーヒー生産者たちは、作ったコーヒー豆を中央処理施設へ持ち込んでしまうため、同じ地域で生産された他の豆と一緒くたに処理されてしまいます。COEが毎年開催する品評会は、参加国から最良のコーヒー豆を見つけ出すことを目的にしているので、どんなに少量生産であっても、生産者は自分のコーヒー豆をエントリーさせることができます。第1回の品評会はブラジル国内が対象でしたが、現在は中南米を中心に11カ国に拡大しています（年度によって参加国数に変動あり）。

生産者がCOEの品評会にサンプルを送ると、コーヒーは5～6回のカッピングにかけられます。まずはその国に住む審査員によって、その後は主に焙煎士からなる国際審査員によって審査され、1位から3位に選ばれた生産者には非常に高い注目が集まります。また参加したすべてのコーヒーはオンラインオークションにかけられ、興味を持った入札者は、オークションの前に生豆のサンプルを取り寄せることができます。

ブルーボトルは入札をはじめた2006年にはじめてCOEで豆を落札しました。毎年4～6種類の豆に入札していて、少なくとも1種は落札したいと思っています。ロットサイズは年度や国によって異なりますが、基本的には非常に少なく、約900kg程度。入札を検討するためのカッピングの際は、ランキングの順位ではなく農園の名前を表示して、その豆が品評会でどう評価されたのかわからないようにします。たいてい、とてつもなく好みの豆が1つか2つあり、いざインターネットオークションが始まるや、入札価格と願望の狭間でハラハラするわが社のコーヒーバイヤーに運命を託すことになります。世界中のコーヒーバイヤーたちが同時にコンピュータの前に座り、気に入ったコーヒー豆のロットに入札するため、1つのロットに10万ドル以上の値がつくこともあります（面白いことに、もしもそのロットが一般市場で取引されれば、売値は7500ドル程度でしょう）。ですから、多くの場合、ロースターは1つのロットすべてを買うのではなく、共同で入札します。私たちはロットを丸ごと購入する小さな企業であるうえ、円の代わりにドルで支払うことも不利に働きます。たまには気に入った豆が落札できずがっかりすることもありますが、毎年素晴らしいロットを数種は手に入れる幸運に恵まれています。ブルーボトルがもっと成長した暁には、より多くのCOEのコーヒーを買い、焙煎し、お届けできるようになるでしょう。

COEは優れたコーヒーを意味し、そのロゴは今やお客様が探し求めるものになりました。またCOEのオークションは、従業員たちをワクワクさせ、一体感をもたらしてくれます。ブルーボトルでは、サンプルを焙煎したら、従業員全員で数々のサンプルを並べて試飲するオープンカッピングを行います。気に入ったものは、少量ずつ分けてパブリックカッピングも開催します。サンプルごとに味わいはさまざまですが、やはり「ブラジルらしさ」や「ルワンダらしさ」といった国ごとの共通点が必ず見つかるのは面白いものです。

生産者プロフィール：アイダ・バトル（エルサルバドル）
Farmer Profile:Aida Batlle, El Salvador

もし、自分の家系が4世代遡れるコーヒー生産者だったら、あなたは生まれたときからコーヒー生産者になる運命だったといえるでしょう。しかしアイダ・バトルは6歳のときに家族とエルサルバドル内戦から逃れ、アメリカで育ちました。

　2002年の夏、ナッシュビルで暮らしていたアイダは、先代から引き継いできたコーヒー農園を管理するため先に帰国していた両親に会いに、エルサルバドルを訪れます。コーヒーの値段は長きにわたり低迷しており、彼女の父は困りはてているように見えました。そのとき彼女は突然、米国での生活を捨て、コーヒー生産者になると言い出したのです。「両親は"どうかしている"という顔で私を見ていたわ（笑）」と彼女は語ります。

　アイダはコーヒー貿易について可能な限り学ぼうと、エルサルバドルコーヒー協議会のレクチャーに参加し、アドバイスを求めました。そして、カップオブエクセレンスのことを知った彼女は参加を決意します。2003年に開催された初のエルサルバドルのCOEに、家族が運営する農園から2種の豆を出品したところ、そのうちの1つがなんと1位を獲得。彼女はびっくりしてしまいました。

　COEで1位を獲る前、アイダの家族は育てているコーヒーのカッピングを一切しておらず、味見すらしたことがなかったのです。アイダはCOE1位を獲得した初の女性となり、そのコーヒーの価格は1ポンドあたり14.06ドルという高額記録を打ち立てました。たちまちアイダは世界でもっとも有名なコーヒー生産者の1人へと上りつめたのです。

　現在、アイダは家族が所有する4つの農園を管理しています（そのうちの3つはアフリカにあります）。タンザニアは標高約1275〜1380m、モーリタニアは約1400〜1600m、ロスアルペスは約1550〜1875m、そしてキリマンジャロは約1580〜1720m。アイダはコンサルタントもしており、ロスナランホスにあるエルマハウアル（約1500m）と、セロベルデにあるプランデバテア（約1400〜1500m）の2つの農園で収穫・選別の監督やロット全体の品質管理をしています。

　アイダは農園を引き継ぐとすぐにオーガニック栽培をはじめ、2005年にオーガニック認証を取得しました。しかし古い品種は病気にかかりやすく、オーガニック栽培にしたことで収穫量は大きく減ります。しかしアイダは、彼女の曾々祖父がエルサルバドルに最初に持ちこんだブルボン種のような、伝統的な品種に一貫してこだわっています。モーリタニアの農園で育てるのはブルボン種のみで、キリマンジャロではそのほとんどがケニア種とブルボン種。ロスアルペスはティピカ種とブルボン種、そしてもっとも新しい家族農園のタンザニアでもほぼすべてブルボン種です。

　「エルサルバドルでは生産に費用がかさむ古い品種を育てることが難しくなっています。もしロースターと直接取引ができなかったら、コーヒー豆の販売は輸出業者か加工業者に頼らなければならないわ」とアイダは語ります。彼女は高品質の豆を生産する地元の生産者をロースターとつなぐ、アイダバトルセレクションをはじめました。

　キリマンジャロを訪れたコーヒー関係者たちは、ここのケニアコーヒーはSL-28の名で知られる、評価の高かったあの品種なのでは、と噂しています。味わいや木の見た目もそっくりだというのです。た

だ、アイダ自身はそのケニアコーヒーを試飲したことがありません。あの地域でケニアコーヒーの木がある農園はキリマンジャロくらいで、アイダが最初にCOEへ参加したときに、木の何本かが根こそぎ盗まれてしまったからです。

アイダはそれぞれの農園にマネージャーをおき、各農園で少なくとも年間10人が働いています。さらに季節労働者としてコーヒーチェリーを摘み取るピッカーも雇っています。コーヒーの収穫が終わると、処理場から来たトラックがコーヒーチェリーを運び、アイダや他のスタッフは精選処理の様子を常時モニターで見ています。彼女は常に顧客からの提案に基づいて新たな試みを行っているのです。

彼女が考案した画期的な手法の1つは、同じコーヒー豆を異なる方法で処理し、それをメニューのように顧客に開示することです。それぞれのサンプルはとても少量で、およそ2.3kgのコーヒー生豆相当分の約11.3kgのコーヒーチェリーを使い、また顧客は事前に予約をする必要があります。アイダは自分の農園のコーヒーを他の農園のものとブレンドすることを一切認めておらず、ブレンドとして唯一提供しているのは、アイダグランドリザーブ（Aida's Grand Reserve）と呼ばれる、自分たちの3つの農園から集めたピーベリーコーヒー（p.14参照）をミックスしたもののみです。

ノルウェーのオスロにある「ソルベルグ＆ハンセン」（Solberg & Hansen）が、2003年にアイダの1位に輝いたCOEロットを購入したとき、彼女はそれがどのように提供されているのかを見学するため、「ソルベルグ＆ハンセン」を訪ねました。アイダはそこではじめて目にしたラテアートに興味を持ちます。「私はコーヒー生産者として完璧な仕事ができるわ。そして輸出業者、輸入業者、焙煎士も、皆がそれぞれ素晴らしい仕事をしている。でも、最後にはすべてがバリスタの腕にかかってくるの」とアイダは言います。彼女はその後、自分が作ったコーヒー豆が手元を離れてからどうなっているのかについての知識を深めるため、アメリカのバリスタギルドの教育プログラムを受けてバリスタ認証を取得します。こうした彼女の細部にまでこだわる姿勢が、世界中のコーヒー関係者から尊敬を集め続けている理由の1つです。

アイダやローリーのようなコーヒー生産者は、目覚ましい水準を世界に示しました。そして、彼女たちの細やかで献身的な姿勢は、生産するコーヒーにはっきりと現れています。焙煎所に届いた完璧な状態のコーヒー豆を目にすると、「生産者の素晴らしい仕事を生かすも殺すも私たち次第なのだ」と思わずにいられません。だから私たちも彼らから受けた刺激の返礼として、すべての知恵と工夫と気配りを結集し、美味しいコーヒーを作るために総力をあげるのです。次の章では彼らの生産物、すなわち緑色の生豆をいかにして、人を惹きつけ、記憶に残る1杯のコーヒーに変えるかについてご説明しましょう。

オーガニックであるために必要なこと
WHAT IT TAKES TO BE ORGANIC

ブルーボトルが焙煎するコーヒーのおよそ85％はオーガニックで、私たちの焙煎所はオーガニック認証も受けています。オーガニック認証とは、農園にとっても焙煎所にとっても、コストがかかるうえ煩雑で、さまざまな基準を満たす必要があります。ではどこにその価値があるのでしょう？　それは農薬が使われていないというだけの話ではありません。

　　農園にとってはオーガニック認証の否定的な側面として、高いコストと水源の制限、そして先進国が定めた基準によって第三世界の環境を査定されることが挙げられます。しかし植樹から1杯のコーヒーになるまで、すべての工程に透明性があり、持続可能であることを示せるオーガニックプログラムが成功すれば、よい影響があることも否定できません。コーヒーがオーガニック認証を受けるためには、農園から洗浄工場、輸送、倉庫での保管、そして焙煎所といったすべての工程に、定期的な検査が入ります。そしてその緻密な検査は、農薬の残存量を計測するのみならず、はるかに広範囲に及びます。検査を受けて文書に記載される取り組みの例には、農園において環境負荷の少ない水源管理ができているか、化学薬品の洗剤を使っていないか、遺伝子組み換えの種を使っていないか、などが挙げられます。

　　小さな農園がオーガニック認証を得るための高いコストをまかなえないとしても、彼らがオーガニックの手法を取り入れることはできます。このようなときに生産者とのダイレクトな関係は計り知れない価値を持つのです。ブルーボトルはブレンドやできるだけ多くのシングルオリジンコーヒーに、オーガニック認証のコーヒー豆を使うことを優先していますが、何よりも重要なのは、私たちが尊敬する生産者の手によって、確かな手法で作られたシングルオリジンのコーヒーを購入することです。とはいえ、もし生産者がオーガニック認証を前向きに検討するなら、喜んでより高い金額をコーヒーに支払おうとも考えています。

　　もしオーガニック認証を受けたコーヒー豆を買ったとしても、焙煎所がオーガニック認証されていない場合、コーヒー豆をオーガニックと呼ぶことはできません。これは果たして公平でしょうか？　答えはイエスです。もしロースターが毒性のある洗剤を使い、焙煎する豆が変わっても機械や道具を掃除せず、認証されたオーガニック認証のコーヒー豆を一貫して扱っているという記録がない場合、本来クリーンだったオーガニックコーヒーから残留物が検知されるでしょう。私は、他の店のバリスタが彼らのコーヒーを「オーガニックより（または"と同じくらい"）よい」などと説明しているのを聞くと、いつも「本当かな？」という気持ちになります。なぜならオーガニック認証の中に例外があるように聞こえるからです。

　　しかし例外はありません。コーヒーはオーガニック認証か、そうでないかの二択のみ。すべての工程に携わる全員が完璧に記録をつけ、環境をきれいに保つことに全力を尽くし、さらに数々の検査を経てはじめて、植樹まで遡って品質が保証されたことを示すオーガニック認証のシールを貼る特権を得るのです。

焙煎
ROAST

　丹精込めて栽培され、収穫されたコーヒーは、精選処理を経て寝かされます。その後、船で運ばれて税関を無事通過すると、私たちが契約している倉庫に辿り着きます。そしてブルーボトルの焙煎所に到着すると、ようやく私たちが生豆の袋を開け、焙煎をスタートします。事前にカッピングをして選んだ豆だった場合は、このコーヒーがどんな旅をしてきたんだろうと想いを巡らせ、より一層ワクワクします。
　まずはサンプル用の豆を焙煎します。ドイツのプロバット（Probat）製、容量227gの小さなサンプル用焙煎機を使い、焙煎度合いや焙煎プロファイル（焙煎の設定条件）をあれこれ変えて試します。サンプル用に焙煎した豆は数日間かけてカッピングし、「これだ！」と思う焙煎プロファイルが決まれば、次に豆は焙煎チームに渡ります。私たちがサンプル豆から感じ取った魅力のすべてを引き出し、さらに洗練された味わいになるように美味しさに磨きをかけるのが焙煎チームの仕事です。それは偉大な役者が興味深い役柄を演じることで演技に磨きをかけるのに似ています。焙煎チームはコーヒー豆の意外な一面を引き出すことに長けているので、腕のいい焙煎士と古いビンテージの焙煎機のタッグが作り出す味わいは最後までどうなるかわかりません。しかし最終的には、いつも唯一無二の個性的な味わいになるのです。
　焙煎とは、豆のフレーバープロファイルを定め、その味を作るためのレシピを選択することがすべてです。ロマンを語るわけではありませんが（もちろんそうしたい誘惑は常にありますが）、コーヒー豆を旅に出すような気分で、その豆から引き出したい味、抑えたい味のバランスを思い描くのです。
　焙煎は道具選びから始まります。私が自家焙煎をはじめた頃は、細かい穴の開いた天板とオーブン

を使っていました。大量の煙が出るので焙煎をはじめるのは前妻が出かけてから（彼女は歌の先生をしていたので、室内の空気には気を配る必要がありました）。私は自分で自宅焙煎したコーヒーの味が格別に好きでした。1990年代後半当時、市販のコーヒーのパッケージには焙煎日が表記されていなかったので、私は自宅で焙煎したコーヒー豆が日に日にどう変わっていくのか、熱心に研究していました。すると、焙煎したコーヒーには3日目と4日目の間で歴然とした違いがあったのです！　想像してみてください！　これはインターネットが普及する前の話です。自分で何かを発見する喜びや楽しさをネットが台無しにする現代とは違って、私は冒険者のような気分でいました。自家焙煎から得られる喜びは、いわば神秘的なものだったのです。

　　　コーヒー焙煎のビジネスをはじめるにあたり、私はオークランドの自宅の裏庭に設備を整えることを考えました。通気口の開いた金属製のドラムと、それを複数の炉で熱することができる日干しレンガ造りのかまどを作るつもりでいたのです。薪の保存場所や、使用するキッチンエイド（KitchenAid）のドラム（衣類乾燥機に使われているエナメルコーティングされたもの）、かまどの使い方から豆の冷まし方まで、私はすべてを理解したつもりでした。まずレンガのかまどを組み立てるために本を買い、セラミック製の放熱ダクトに関する資料を見つけ、その上で図面を起こし、買い物リストを作成しました。電動回転式のドラムにするために「ギアやチェーンを自転車かランニングマシンにつないで動力源にしよう。そうすれば、いずれは愛犬のアイビー（ジャーマンシェパード）も焙煎機を動かす動力源になる……」と、本気で考えていたのです。これは「私が考えたアイデアの中でもっとも真剣で壮大な計画だ」と、うっとりしてしまうほどでした。アイビーとメリット湖の周りを走っていると、自然と想像が膨らみます。裏庭に立って火を熾す私。アイビーと交替でランニングマシンを走らせ、愛車のプジョーにコーヒーをたくさん積んでホールフーズマーケット（Whole Foods Market）やファーマーズマーケットに乗りつけてこう言おう。「さぁ、ご覧ください！　これぞ皆さんが生涯待ち望んでいたコーヒーですよ！」と。

　　　しかし、この話をすると誰もが判を押したように「ばかげている」と言うので、私はイライラしていました。オークランドの都市計画部で働いている知人の女性に電話をしても、「確かにその計画はばかげているだけでなく違法です」と言われる始末。アラメダ郡の衛生局の知人もやはり似たような反応でしたが、そもそも彼は、私の計画に関心すらないようでした。

　　　逆風にひるまず、私はエメリービルにあるロイヤルコーヒー（Royal Coffee）のオフィスへ駆け込みました。ロイヤルコーヒーはアメリカでもっとも信頼を集めるコーヒー豆ブローカー（仲買人）の1つです。「犬を動力にし、薪を使った焙煎所を裏庭でやるなんて……天才だ！」と思っていたわけですから、私は間違いなく革命児として迎えられるだろうと信じて疑いませんでした。しかし不思議なことに、素晴らしいアイデアを説明しようとしているのに、すぐに責任者の部屋に案内してもらえません。その代わり、明らかにおかしな人たちの対処を何人もしてきたであろう、とても感じが良く、酸いも甘いも噛みわけたといった感じの男性が出てきました。私が彼にプランを話すと、彼はやさしい視線で私をじっと見つめながら、こう言ったのです。「おそらくですが、商業用の焙煎機を見に行ってみてはいかがでしょうか。アイダホのサンドポイントにいいところがありますよ」。私は自分の犬を動力にした焙煎機のアイデアが、プシューと音を立ててしぼんでいくのを感じました。数日後、私はスポーケン行きの飛行機を予約し、車を借りてサンドポイントへ向かいました。そして、ウェストミンスターでドッグショーが開かれるまさに

その週末に、ディードリッヒ（Diedrich）IR-7を使って焙煎する方法を、他ならぬステファン・ディードリッヒ本人から学んだのです。

　　　今では私のほうが、フードビジネスをはじめようとする人たちから、正気とは思えない、ひどい計画を聞かされることがあります。そんなとき、見覚えのある顔つきだなと思わずにいられません。彼らはまさに、あの頃の私だからです。いずれ彼らの前にもアラメダ郡の衛生局の人やそれに近しい人が立ちはだかって、シャボン玉のように膨らんだ彼らの計画を一瞬で壊してしまうことを知っているので、私は彼らの話を傾聴するように努めています。うんうんと首を縦に振り、微笑みを浮かべながら、彼らのばかげたプランを聞くのです。

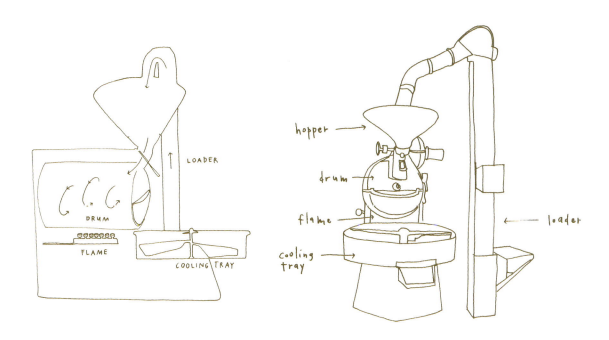

ブルーボトルでは現在、1950年代に作られたプロバット製の古いドラム式焙煎機を使っています。私は使い込まれた古いものが好きです。例えばエスプレッソマシン、バスクラリネット、望遠鏡にステレオ。中でも一番好きなのは長年使われてきたコーヒーの焙煎機です。1950年代から絶え間なく稼働してきた焙煎機を使うと、どこか謙虚な気持ちになります。「素晴らしい仕事をする焙煎士たちが長い間、同じ焙煎機を使って純粋に美味しいコーヒーを作り続けてきたのだ」と、気づかせてくれます。私たちは、過去60年間にこの焙煎機を使ったどんな人々よりも、早起きでもなければ働き者でもない、そして賢くも、面白くも、幸せなわけでもありません。ただ、私たちは先人たちと同じように、この大きくてシンプルな焙煎機から美味しいコーヒーを作り出そうとしているのです。

　　ドラム式の焙煎機は、コーヒー豆が金属ドラムの中で回転しながら焙煎されていきます。豆を加熱する方法は、基本的に「伝導式」と「対流式」の2つです。伝導式は熱せられたドラムや他のコーヒー豆に触れることで、豆に熱を伝えていく方法。一方の対流式は、熱した空気を送り込んで、豆全体を加熱する方法です。いずれの方式も昔から採られてきましたが、焙煎の段階やコーヒー豆の種類に応じて、焙煎士がどちらの加熱方法がふさわしいかを選択します。

　　人は焙煎について考えるとき、豆がどんな色に変わるかという点に注目しがちです。確かにコーヒー豆は焙煎すると、緑から黄色に変わり、さらにさまざまな濃さの茶色へと変化していきます。しかし、どんな色になったのかではなく、"どのようにして"その色になったかで、コーヒーの風味は決まります。もしあなたが371℃で鶏を丸焼きにするとしましょう。7分半で鶏をオーブンから取り出すと、外側は焦げていても内側はまだ生のままでしょう。同じ現象がコーヒーでも起きるのです。

　　焙煎の間、熱することでコーヒー豆は乾燥し、デンプン質を糖質へ変化させます。この過程は一般的に、「メイラード反応」もしくは「キャラメル化」と呼ばれています。この2つは呼び方の違いと思われていますが、実際には、まったく異なります。メイラード反応は肉が茶色くなったり、パンの耳の色が変わるときの反応です。糖の分子とアミノ酸が結合し、甘味以上に風味のあるうまみ成分を作り出します。キャラメル化はメイラード反応よりもさらに高温下で、糖の分子間のみで起きます。矛盾しているようですが、キャラメル化が進むと甘味は減っていき、複雑さが増していくのです。

　　焙煎のキーポイントは、コーヒーにまだ甘さがありながら、心地良い香ばしさと苦みを伴う複雑な味わいが作られはじめる瞬間です。その瞬間の少し手前で焙煎を止めることで、口当たりが良く甘味のあるコーヒーになります。さらに手前の段階で止めてしまうと、コーヒーのプロが「味を作りきれていない」と表現する、渋みや酸っぱさ、草のような風味が残ったコーヒーになります。逆に狙った瞬間を逃して焙煎しすぎると、コーヒーの焦げた風味が強調されてしまいます。パンをトースターでちょっとでも長く焼きすぎると、種類の違うパンでも味の区別がしにくくなるのと同じです。ステーキの焦げた部分が肉そのものの味に勝ってしまうように、コーヒー豆を焙煎しすぎると、炭の味ばかりが強くなってしまうのです。

　　なにより重要なのは、焙煎士がコーヒー豆の風味が作られるベストタイミングを見極めることですが、客観的に判断できるものではありません。コーヒー豆の中にはそれぞれ特徴的な味が閉じ込められています。それは大理石の中に閉じ込められたダビデ像をミケランジェロが彫り出していくかのような作業です。「焙煎士は、人にはわからない豆の持ち味を見出す洞察力を持っている」という人もいます。しかし、私はそうは思いません。焙煎とは、つまるところ手作業なのです。生豆の質が最終的なコーヒーの品

質を決める一方で、焙煎は選択の連続です。そのコーヒーのどんな魅力を目立たせたいのか、どんな味を抑えたいのか。コーヒーをカッピングするとき、私はこのコーヒーにはどんな楽しさや物語があるんだろうと考えます。このコーヒーは美味しいだろうか？　面白みがあるだろうか？　目指した味わいを生み出せているだろうか？　何か魅力的な要素を引き出すことに失敗していないだろうか？　など。

　この章では、ブルーボトルで行っているコーヒー焙煎の工程を説明していきます。また、そのプロセスについて実践的に理解していただけるように、ご家庭で簡単にできるコーヒー焙煎の方法についてもご紹介します。そして、皆さんがよりコーヒーとの関係を深めることができるよう、焙煎所で毎日行われている「カッピング」についてもお伝えしましょう。

　ブルーボトルの焙煎所では、コーヒーをあらゆる意味で"作って"います。と同時に、私たちもまたコーヒーによって作られています。コーヒーを飲むこと、中でも特に、自分たちが焙煎したコーヒーを飲むことで起きる存在論的変換は、私たちの仕事や考え方の基礎になっています。私たちを含めて数えきれないほどのお客様が、ブルーボトルのコーヒーは美味しいだろうと期待してくれています。しかし、コーヒーもまた、私たちがより賢く、健康で、面白く、魅力的でいられるよう、変化を与えてくれる存在なのです。もしドラッグだとするなら、最高のドラッグです。良いコーヒーは私たちに幸福とは何かを考えさせてくれます。そして理想の自分へと近づけてくれるのです。

焙煎所の1日
Roasting Day

焙煎所は早朝からスタートします。コーヒービジネスは朝型の仕事で、通常夜明け前から始まります。ブルーボトルの焙煎所では、雑用係や配達のドライバー、バリスタ、会計係の誰よりも早く、焙煎士が出勤します。午前4時に起きるのは大変で、決して簡単ではありません。私などは前の晩、何時にベッドに入ろうと、午前4時に鳴るアラームに毎回恐怖心すら感じていました。それはまさにキルケゴールの古典『不安の概念』そのものです。動物は本能の奴隷であり、従って責任という概念がない。しかし人間は本能から解放されているがゆえ、神への責任を怠ると自覚せずにいられない——この場合で言えば、"コーヒーに対する責任"でしょうか。午前4時にアラームが鳴り響く中、もっと眠りたいと訴える体をなんとか起こします。抱えている不安と責任感は、人を束縛してしまうこともあれば、奮い立たせることもあるでしょう。焙煎士は毎朝、不安や恐怖心、責任感が入り混じった感情をやる気に転換して、コーヒーを焙煎するという困難な仕事に向き合っています。朝早く起きるという最初の決断は、それから終日続く、焙煎作業の過酷で孤独な決断をよく表しています。

　　　　午前4時。映画監督のイングマール・ベルイマンが「狼の時刻」と呼ぶのもうなずけます。しかし私たちはコーヒーを焙煎しなければなりません。では、ここからはその方法をご紹介しましょう。

1日の始まり
STARTING THE DAY

午前5時、焙煎士が焙煎所に到着します。この時間なら他の焙煎士も出勤しているかもしれません。あたりは静かで、しかも寒い。この静寂は今から12時間続きます。まずは、焙煎機を起動します。スイッチは1950年代に作られたプロバット本体よりも少しだけ新しいのですが、プロバット自体はまるでウェス・アンダーソン監督の映画に出てくるようなレトロな工業機械です。さわると冷たいスイッチはなかなか回ってくれず、毎朝のことながらぎくりとします。1つ目のスイッチで焙煎用のドラムを回転させるモーターが動きだし、2つ目のスイッチでガスに着火します。

　　　　1つ目のスイッチを入れると、モーターのスピードにドラムが追いつこうと、激しくガタガタと揺れはじめます。このソワソワさせられる瞬間は、不安に満ちた1日の序章に過ぎません。数秒もすると激しい揺れは収まり、古い乾燥機のように一定のリズムでブーンと鳴りはじめます。それはとても心地よい響きで、まるで寒い嵐の日にジーンズが乾くのを待ちながら、暖かいココアをすするような気分です。

　　　　2つ目のスイッチを入れると、カチカチカチという音が20秒から40秒の間鳴り響き、「今日は着火してくれないんじゃないか」とハラハラするでしょう。しかしその後には、いつもと同じようにバーナーにはきちんと火が点きます。ボッという着火音が聞こえれば、その日はじめてホッとすることができます。さあ、焙煎機が起動しました。

焙煎機を予熱する
WARMING UP THE ROASTER

さあ、次は焙煎機を温めなければなりません。ブルーボトルで使っている焙煎機はシンプルなものです。たとえるなら、乾燥機の中に入っているドラムが天然ガスの直火の上で回転しているようなイメージです。熱い空気がドラムの中を通り抜け、背面の通気口へ抜けていきます（p.43参照）。ドラムは鋳鉄で作られているのでかなりの重量があります。ドラムの中が熱い空気で満たされ焙煎できる温度になるまで、その日の気温によって30分から40分かかります。焙煎機の横に立つと、数分で熱を感じるでしょう。私はこのとき、これから始まる焙煎を前に、安らぎとためらいを感じます。先史時代にオオカミが洞穴に住む原始人の焚火に忍び足で近づいたように。

　焙煎機が無事に起動して温まりはじめたら、ひと安心。ではコーヒーを1杯淹れましょう。それには重要な選択を迫られます。昨日焙煎した豆の中から、どの豆を選ぶかという決断です。気がかりな豆を選ぶか、もしくは自信がある豆を選ぶか……。もっとも良いのは、気がかりな豆を選び、それが素晴らしく美味しいことです。最悪なのは、安心したいがために自信作を選び、昨日は上手くいったと思ったのに、今日飲んでみると、味が単調では？　甘味が足りないのでは？　と、疑問を持ちはじめることです。繰り返しになりますが、私たちは常に自分で下した決断に苦しめられます。それでもコーヒー作りを続けなければなりません。

　焙煎機が温まるのを待ちながらコーヒーを飲みつつ、注文票を確認します。事務局が前日に受けた注文がコンピュータに打ち込まれています。今日焙煎したコーヒーは、明朝に発送されます。「8時から9時にやってくる袋詰めの係の人がすぐ仕事にかかれるよう、まずブレンド向けの豆からはじめようか、ドリップ用のブレンドのスマトラか、エスプレッソ用ブレンドのブラジルか、手慣れた豆からはじめようか」という具合に注文票を見ながら、どの焙煎機でいつ焙煎するのか考えます。コーヒーを片手に計算したら、焙煎する量をバケツに入れて量ります。次に前日のサンプル豆をチェックします。豆を見て香りを確かめ、おつまみのピーナッツのように2～3粒、噛み砕きます。カッピングを行うのはのちほど。もっと人が出勤してきてからです。今の段階では、カリカリとしたコーヒー豆そのものの味が、昨日の焙煎の出来を知る2つ目の指標です。豆は美味しいか？　香りは？　上手くいきそうか？　もしほかの人が焙煎していたのなら、前日のメモを見ればその人の心中を少なからず察することができます。機械に異音はなかったか？　苦労した点はあったか？　上手くいったのか？　というように。

豆を焙煎機へ投入する
LOADING THE MACHINE

焙煎機が温まり、焙煎の準備が整いました。ここが最高にワクワクする瞬間です。1つ目のコーヒー豆が入ったバケツを持ち上げて、豆を投入口へ流し込みます。まるでミニチュアのエレベーターつき穀物倉庫のように、生豆は投入口から焙煎機の上部にあるホッパーへ運ばれ、ドラムに送られます。ボタンを押して、ホッパーをドラムから切り離すスライダーを動かすと、静かだった焙煎機はリズミカルに大きな音を

立てはじめます。

　育児書によると、子宮の中は結構うるさい場所だそうですが、それに近いザーというホワイトノイズのような音が、一定のリズムで大きく響きます。それでも、赤ちゃんのストレスが高まるのは（あくまで本によれば）、その大きな音ではなく、不規則に訪れる静寂のせいだそうです。プロバット製の焙煎機は1分間におよそ62回回転します。これは私を含む、多くの人の心拍数と同じ速さです。生豆が焙煎機の中に入ると、水の流れるような音がリズミカルに鳴り続け、リラックスできます。焙煎士にはこの安らかな音とリズムが体に染み込んでいるので、音が消えると逆に不安になってしまうのです。「何か良くないことが起きたのではないか、もしくはまさに今起きようとしているのではないか……」と。しかし早朝の数時間は、まだステレオも袋詰めのマシンもフォークリフトも使われていませんし、エスプレッソマシンがミルクをスチームする音も、雑用係が通りを掃除する音もしません。聞こえるのは、この子宮のような音だけなのです。

　コーヒー豆は伝導熱（ドラムや他の豆と触れることによる熱）と対流熱（ドラムの中を流れる熱い空気による熱）の組み合わせによって焙煎されます。焙煎中、豆は徐々に水分を失い、熱量や酸素量、水分量に応じて異なる種類の化学反応を起こします。目指すべき味のコーヒーに向けて、タイマーをセットし、焙煎したコーヒー豆の量や品種、その他の重要事項をノートに記録します。

　その日最初の焙煎では、コーヒー豆をドラムに投入する際の内部温度を、日中の設定よりもやや高めにします。朝の焙煎所は気温が低く、焙煎機自体が大きな熱源になるからです。豆は、室温の低い場所や湿度の高い場所に非常に弱いので、もし投入時の温度が高すぎると豆を焦がしてしまいます。豆が焦げると鮮やかな風味は奪われ、質感が損なわれてしまうため、高すぎる投入温度は失敗のもと。かといって投入温度が低すぎても良くありません。焙煎のスピードが遅くなり、風味が単調になります。実際、高い湿度の中にある豆は、焙煎というよりは、焼いたり蒸されているのと同じ状態になります。

　どんな品種の豆にも、その特長を際立たせる特定の投入温度があります。例えば、産地の標高は味の濃度に関係があり、エチオピアのように標高が高い産地のコーヒーは、往々にして高い温度で投入します。一方、ブラジル産など標高が低い産地のコーヒーは熱を十分に吸収できないため、エチオピアの豆よりも低い温度で投入します。

　ブルーボトルでは、常にそのコーヒーがどのように使われるのかを考えて焙煎しています。例えばエスプレッソ用の豆は、ドリップ用とは違う方法で焙煎します（必ずしも深煎りにするという意味ではありません）。ブレンド用の豆は、たとえ同じ品種であっても、シングルオリジンで使う場合とは違う焙煎を行います。どのように焙煎に違いを出すかは、カッピングの結果やラボでの実験、そしてバリスタからのフィードバックをもとに決定します。例えば、グアテマラの共同組合から取り寄せる豆はエスプレッソブレンドに使うことが多いのですが、このコーヒーは高地で育ったため非常に高密度で、特有のみずみずしさがあります。エスプレッソの抽出においては、その明るさが強調されすぎてしまうので（たとえるならカプチーノに温かいグレープフルーツジュースを入れたような味）、この豆についてはポアオーバー（p.72参照）でお出しする豆よりも、低い温度で長く焙煎します。ちなみに、長時間の焙煎だからといって深煎りになるわけではありません。ロースティングプロファイルが異なれば、見た目は同じでも、片やエスプレッソに最適な味に仕上がるのに対し、片や刺激の強すぎる味になってしまうのです。

焙煎機内の温度低下
BOTTOMING OUT

コーヒー豆を投入したあとは、焙煎機内の温度がもっとも低くなるのを待ちます。これで焙煎の第一段階は完了。生豆は暖房のないオークランドの焙煎所では16℃前後の室温で保たれています。そのためコーヒー豆が投入されると焙煎機の温度は193℃から82〜88℃程度に下がります。その温度は、気温や豆の量によって異なりますが、温度が最低値に下がるまでにかかった時間から、この焙煎にどれくらいの熱量が必要になるかを導き出せます。もし最低値まで2分半で到達したならば、1分半かかった場合よりゆるやかな温度変化のため、同じ条件で焙煎をすると、豆は焙煎というより"焼けて"しまう危険性があります。そのため温度が底打ちするまでの所要時間を記録しておくといいのです（良い焙煎士になるためには3つ重要なことがあります。良いノートを取ること、自分のコーヒーをカッピングすること、そして焙煎機を掃除することです）。

　　　焙煎機の温度が下がりきると、豆の温度は上がりはじめます。焙煎士の仕事は、このとき急激に温度が上昇しないようドラムの中の温度を保つことです。熱を加えすぎるとドラムが空気を吸い込み、コーヒーが早く乾きすぎてしまいます。「1ハゼ（ファーストクラック）」と呼ばれる状態に到達するまで、じっくりとスムーズに温度を上昇させましょう。

1ハゼ（ファーストクラック）
ARRIVING AT FIRST CRACK

1ハゼ（ファーストクラック）とは、焙煎用語でコーヒーが"飲める"段階に変わるときに起きる化学反応のことです。ポップコーンの化学反応に似ていて、ポンポンと音が鳴ります。これは、コーヒー豆の内部にある水分が蒸発して外へ出る際に細胞壁を破壊する現象で、豆のサイズが大きくなると同時に、密度は低くなります。

　　　焙煎をはじめてから最初の数分間は何も変化がないように見えますが、実際のところコーヒー豆は温められ、水分が蒸発しはじめています。3〜4分後、小さく固い生豆の緑色が変化をはじめ、ポップコーンや湿った干し草のような香りを発します。穏やかな草原のようにやさしく爽やかな香りです。最初から良いスタートを切っていれば、この段階は焙煎作業の中でも輝かしいひとときになるでしょう。それはまるで、おむつが取れたばかりであらゆる可能性に満ちみちた賢い4歳の子どもの親になったかのように、限りなく前向きな気持ちになります。

　　　焙煎中のコーヒー豆は、湯気を立てて水分を失うため、ドラム内に空気の流れを作る必要があります。そうしないとドラム内の湿度が高くなりすぎてしまうのです。焙煎をはじめておよそ5分でコーヒーは金色を帯びた黄色へと変化します。このときはじめて嗅ぐわずかなサンプルの香りから、最終的な仕上がりを感じることができます。ここで焙煎機から豆のサンプルを取り出して香りを確かめるのは、至福の瞬間です。美味しい豆ができようとしていることを予感させる香りがするのです。

　　　まだまだ加熱を続けますが、次のことを考えはじめましょう。あと数分もすれば、綱渡りがはじま

るのです。

　　　　温度は引き続き上昇し続け、豆の色はいよいよダークブラウンへと変化していきます。干し草のような香りは影を潜め、コーヒーらしい香ばしい香りが立ち込めます。豆は依然として不格好でしわくちゃな状態ですが、じきに膨れてきます。1ハゼはコーヒー豆が熱を吸収することによって起こる吸熱反応です。そのため、引き続き加熱に気を配らなければなりません。私たちが使っている焙煎機では、ほとんどのコーヒー豆の場合、1ハゼが来るのは焙煎開始から9～11分頃。耳をすませていると、1ハゼの始まりがかすかに聞こえます。"ポン"というかすかな音が1つ、2つと鳴りはじめ、何も聞こえなくなったかと思ったら、数秒もしないうちにもう2～3音。そして以降は、より大きな音で、ひっきりなしに鳴り続けます。

　　　　1ハゼを迎える頃は、焙煎士のクリエイティビティが発揮されるタイミングです。テストスプーン（焙煎中の豆の取り出し口）を頻繁に引き出し、作りたい味の特徴やその豆を最後にカッピングしたときのことを脳裏に浮かべます。ブルーボトルが目標としているのは力強く、コーヒーのさまざまな可能性を示してくれる、個性に溢れるコーヒーです。1ハゼが起こる前から終わるまでの、時間にしておよそ120秒が、焙煎中でもっとも目が離せないタイミングです。コーヒー豆の温度を上昇させる一方で、そのスピードを注意深く管理しなければなりません。もし温度が早く上がりすぎると、その勢いで私たちが求めるコーヒーの味を通り越してしまいます。しかし逆に不十分な加熱で同じ温度が長時間続いてしまったり、温度が下がってしまうと、コーヒーは単調でつまらない味になります。焙煎の初期段階では20秒につき2.7℃の温度上昇が理想的ですが、終盤にかけては加熱を弱めるものの、温度が下がったり横ばいにならないよう、90秒間のうちに2.7℃、確実に上昇するようにします。1ハゼまで上手くいけば、その後は温度を上下に調整することで、コーヒー豆の甘さと深みのバランスを整えます。

2ハゼ（セカンドクラック）
SECOND CRACK

2ハゼ（セカンドクラック）とは、焙煎用語で1ハゼのあとに起こる発熱反応のことです。1ハゼとは対照的に、2ハゼはコーヒー豆自体が熱を発します。この熱によって一気に焙煎が進むのですが、ともすれば進みすぎる恐れがあります。フレンチローストやイタリアンローストと表示されたコーヒー豆は、2ハゼまで深く焙煎しているケースが多いようです。生豆の種類や品質、焙煎士のスキルにもよりますが、深く焙煎されたコーヒー豆は本来の味よりもこんがり焼けた、場合によっては炭のような味になります。とはいえ、いわゆる「こんがりとした」フレーバープロファイルは、一部の人に好まれている味とも言えます。私たちはそこまで深い焙煎はしませんが、フレンチローストを好むお客様の声を否定することはありません。

焙煎機から豆を取り出す
DUMPING THE BATCH

辛抱強さと注意深さが求められる焙煎も、最後はとても手早く終えなければなりません。しかし、単純に焙煎終了の温度を目指してはいけません。焙煎機の中の豆自体が熱を持っているため、豆が持つ熱量と加熱の勢いを考えたうえで、どのタイミングで豆を焙煎機から取り出すかを決めなければならないのです。あらゆる感覚から得られる情報に注意を払って、タイミングを見計らいつつ、焙煎の最後を締めくくる20秒の任務に全神経を集中させます。コーヒー豆が丸々と膨れ、カッピングで味わった感動的で美しいアロマのサインを見つけ出します。そのときはプレッシャーやためらいを捨て、考えすぎてフリーズすることがないようにしましょう。心と体が同時に「今だ！」と思った瞬間、豆を焙煎機から出します。このときに「いや、とはいっても……」と少しでも迷いがよぎったら、コーヒー豆はおそらく望んだものにはならないでしょう。

　　コーヒー豆を一気に取り出したあと、素早くコーヒーを冷ますために送風機と撹拌アームのスイッチを入れます。釜の前蓋を開けると、煙が立ち、顔に熱を感じます。コーヒーの見た目と香りは、焙煎が望んだ通りに成功したかを雄弁に物語ります。まずは香りが第一のヒントです。まだ心地よく温かいベッドに横たわっているときに廊下から漂ってくる香ばしいトーストの香りと、昨晩ベッド脇に置いたイチゴミルクの飲み残しが混ざったような香りだったとしたら、声を大にして成功と言えます。もし強いトーストの香りと、夏の暑い日に膨らませて遊んだプールのおもちゃのような鼻にツンとくる臭い、あるいはそもそも行きたいとすら思わない煙たいバーベキューパーティのような香りと、そこで誰かが開けた格安のオリーブの瓶詰めから放たれる塩辛さのような香りを感じたならば、そのコーヒーは失敗作です。焙煎機のドラムから出したあと、熱が取れるまでのおよそ4分間、クーリングトレイの中でもコーヒー豆の焙煎は続いています。しかし、最初の香りは嘘をつきません。

　　撹拌アームが回転してコーヒー豆を冷ます間、焙煎機の近くは熱くなります。焙煎機の周りを歩けば顔に熱を感じるでしょう。クーリングファンの音はベアリングにかかる力が減るためそれまでと少し変化し、部屋全体に響く音も変わります。すでに述べたように、音は焙煎士の感覚的な世界において非常に重要です。ドラムの中にコーヒー豆がなくなったことを表す音をベアリングが奏ではじめると、焙煎士は多少緊張感から解放され、リラックスできます。

ノートをつける
TAKING NOTES

コーヒー豆が冷めてきたら、大きなバケツで計量し、焙煎前の重さと比べます。コーヒー豆は焙煎することで水分が蒸発し、重さにして13〜18％減少します。水分の減少率を正確に測るため、焙煎後に失われた重さを焙煎前の重さで割って出た数値を、パーセンテージで記録します。14％か、あるいは14.5％か。昨日の数値が14.8％だったとしたら、何が今日と違っていたのか、という具合に投入温度から1ハゼまでの時間、水分の減少率といった数字のすべてを絶えず記録しておくことで、焙煎が上手くいった場合に他

の焙煎士もそれを再現することができます。

　　このときまでに、次に焙煎する生豆を数回分、量っておきましょう。そして早速1回分をホッパーへと流し込みます。その後、豆を投入する前に焙煎機を加熱し、適正温度に到達するまで待ちましょう。その間、焙煎し終えた豆を容器に入れて重さを量り、ラベルを貼って所定の場所へ運びます。次に豆をデストナー（石抜き機）に通し、コーヒー豆の密度だけに反応するよう調整されたバキュームで豆を吸い上げ、小石やコイン、外皮やセメントの粒などの異物を取り除きます。そして袋詰めの担当者が豆をパッケージに詰め込み、さらにグレーの大きなトートバッグに入れると、いよいよ配達の車へ積み込まれます。

　　焙煎したコーヒー豆は翌日にカッピングをします。焙煎士やトレーニングスタッフ、マネージャー、リードバリスタ、あるいはカッピングルームを訪れるあらゆる人たち、パブリックカッピングが行われていれば一般のお客様もその味を試し、全員がカッピング用のシートに1つずつ評価を記入していきます。そして翌朝、出勤したら1杯目のコーヒーにはその豆を選んで淹れてみましょう。再度ノートを見返して、昨日どのように焙煎したか、さらに良い焙煎方法はないかを考えるためです。

仕上げ
FINISHING

焙煎所で長く働いていると、自分が作ったコーヒーがどこかに出荷されていくことをつい忘れてしまいます。焙煎所での仕事は、決してギリシャ神話に登場する人物、シーシュポスが科された罰のように、大きな岩を永遠に山頂へ運び続けるといった機械的な作業ではありません。焙煎したコーヒー豆の袋は、これから数日の間、旅に出て、店へと運ばれます。それらを買ったお客様たちは、家に持ち帰る場合もあれば、ギフトとして人に贈る場合もあるでしょう（ただし、"保存"のために冷凍庫に入れられないことを願うばかりです。詳しくは次項で述べます）。日も昇らないうちから起き出してそっとキッチンへ向かう人は、強い刺激と、きっと今日もいいことがあると思わせてくれる元気の源を求めています。素敵なことも大変なこともあるかもしれないけれど、コーヒーを作るというこのちょっとした日常の行為が、日々の気分を良い方向に導いてくれると願っているのです。

　　コーヒーの焙煎士にとって、人生はおよそ17分単位で分かれています。それは生豆を投入し、焙煎して取り出し、冷まして、袋詰めの作業へ送るのに必要な時間です。つまり1日に25回、1週間に125回、1年間に6500回も、美味しいコーヒーを作り出すチャンスがある、ということなのです。

焙煎されたコーヒーの短い命
ROASTED COFFEE'S SHORT LIFE SPAN

ブルーボトルでは毎日のように、お客様から「どのように豆を保管したらいいですか？」と聞かれます。そのたびに私たちは「豆は少量だけ購入し、涼しい棚に入れて、なくなったらまた買いに来てください」とお伝えしています。面倒なことはしたくないとしても、コーヒー豆を大量に購入して、冷凍することはお勧めできません。なぜなら、コーヒーの風味が抜けてしまうからです。冷凍庫はバクテリアの繁殖を防

ぐために水分を除去してくれますが、コーヒーは豆が持つ繊細な水分のバランスを維持する必要があります。その上、冷凍庫から取り出した豆は、解凍されるとともに水分を吸収してしまいます。そうすると、ぼやけた味になってしまうのです。豆には美味しく飲める期間があります。焙煎から9日間は、風味が増し、複雑な味わいになっていくので、その変化を楽しむことができますが、それを過ぎると酸化していき、豆はどんどん劣化します。すると、豊かな風味は失われ、最終的には冴えない味になってしまいます。新鮮さを失った豆は、美味しく淹れようとしても手の施しようがないのです。

　深煎りの豆はより劣化しやすい傾向にあります。それは、焙煎から7日目で、目に見えて質の低下がわかります。浅煎りの豆は深煎りと比べると味のピークを迎えるのも劣化するのもゆっくりです。特に高地で丁寧に栽培・精選処理された、豆の密度が高いコーヒーがそれにあたります。ブルーボトルでは焙煎してから、48時間以内の豆だけを販売しています。お客様ご自身で、コーヒーの風味が育っていくのを感じ、劣化の始まりを発見することで、コーヒーの命が短いことを体験していただけると考えています。

　挽いてしまったコーヒーの命は、さらに儚いものです。エスプレッソは挽いてから90秒で、ぼやけた味になってしまいます。粗挽きの豆は、やや長く鮮度を保ちますが、それでも20分から1時間です。ブルーボトルが挽いた豆を販売しないのはそのためです。もちろん、挽いた豆を販売しないことに不満を持つお客様もいますが、悪者にされてしまうのは心苦しいです。私たちは挽いたコーヒーが20分ほどで劣化することを知っています。20分では家にたどり着くことすらできません。だからこそ挽いた豆を、お客様に売ることは避けたいのです。

自宅でコーヒー豆を焙煎する方法
How to Roast Coffee at Home

穴の開いた天板に生豆をのせてオーブンに入れるというのは、家庭でできるもっとも基本的な焙煎方法の1つです。複雑な焙煎機や道具を買うのも素敵ですが、大きな投資をする前に自家焙煎を試す賢い方法です。かなり荒削りな仕上がりになるので、非常に貴重なパナマ・ゲイシャ種などの豆をいきなり使うのはお勧めしません。しかし、このシンプルな手法の焙煎であなたの才能が目覚める可能性はありますし、余計な出費をせずにすむかもしれません。生豆と焙煎器具はスイートマリアズ（Sweet Maria's http://www.sweetmarias.com）にある幅広い品揃えから購入できます。彼らはスイートマリアズ コーヒーライブラリー（The Sweet Maria's Coffee Library）と呼ばれるオンライン図書館も運営しており、その名の通り自宅での焙煎についても豊富な資料を取り揃えています（ちなみにスイートマリアズはオークランドに拠点を置いており、彼らこそがそこを牛耳っているのです）。

　満足のいく焙煎ができたときにまた同じ味を再現できるよう、常にノートを取ることを忘れないようにしましょう。また、この方法では焙煎にムラが生じやすいことも気に留めておいてください。それと引き換えに、焙煎度によって味わいが複雑になっていくのが楽しめます。

　焙煎をはじめるときは、色のイメージを持っておくとよいでしょう。私が自宅で焙煎をはじめた頃

は、白いセラミックのボウルに焙煎済みのコーヒー豆をサンプルとしてひとつかみ入れ、天板にのっているコーヒー豆と色を比較していました。すると、コーヒー豆はオーブンから取り出したあともさらに少しだけ色が濃くなることがわかったので、サンプル豆ほど色がついていない時点でオーブンから出すようにしました。しばらく同じ品種を焙煎していると、どんな色でどんな風味になるのかの感覚がわかってきます。しかし、見本に使うコーヒー豆も日が経つにつれて変化するため、長期間同じサンプルを使うことはできないという点に注意してください。

　普段、私が特定のコーヒー豆をはじめて焙煎するときは、明るめのマホガニー材に似たミディアムブラウンの色を目指します（色以外に、ミディアムローストであることの判断基準は、オイルです。焙煎後5〜6日で豆の表面に小さな針穴のようなオイルが点々と現れるのです。もちろん焙煎中にこれを確認することはできません）。理想のミディアムブラウン色を思い描くとき、私がこれまでずっと愛用してきて、現在では息子に譲り渡した小さな木のロッキングチェアーを思い浮かべます。その色は目をつぶっても思い出せるほどです。あなたにとってのミディアムブラウンは、どんな色でしょうか？　中学生の頃、軽はずみでやった悪ふざけが大ごとになり、お姉さんに連れられてびくびくしながら向かった校長室の1976年式クライスラー・コルドバ（Chrysler Cordoba）のコリント式革張り椅子の色かもしれません。そんなふうに目を閉じたときに浮かぶミディアムブラウンが誰にでもあるはずです。

準備するもの
- はかり
- オーブンにぴったりのサイズの穴あき天板
  コーヒー豆が重ならないようにすることが重要なので、
  オーブンもしくは天板が特に小さい場合は、1回の焙煎の豆の量を調整します
- 150g（約1カップ）の生豆
- 中または大サイズの金属のざる2つ
- 秒までカウントできるストップウォッチもしくはタイマー

　ラックをオーブンの中央に入れます。オーブンは260℃で30分以上予熱します。このとき、オーブンの表示を見て温度が正確であることを確認してください。ブルーボトルのプロバット製焙煎機やラ・マルゾッコ（La Marzocco）のエスプレッソマシンと同様に、家庭のオーブンもそれなりの熱源となりますので、予熱に時間をかければかけるほど温度が安定し、焙煎でドアを開け閉めしてもオーブン内の温度を一定に保ってくれます。

　もし0.1gまで表示できるはかりを持っているなら、今こそ活用すべきです（あとでコーヒー豆が焙煎後どれくらい軽くなったかを正確に計測します）。150gのコーヒー豆を量り、天板の中央に重ならないように広げます。このとき、天板の2分の1から3分の2の範囲内に収まるようにしてください（天板の端に触れると豆の表面が焦げてしまいます）。手元にざるを用意したら、換気扇を回し、すべての窓を開け、キッチンの煙探知機をオフにしてもよいでしょう（オフにする場合は焙煎後にアラームをオンに戻すことをお忘れなく！）。

　天板をオーブンに入れてドアを閉め、ストップウォッチをスタートさせます。オーブンのドアがガラス製で中が見える場合、焙煎の様子を観察できます。古いオーブンでガラス窓がない場合、あるいは中

が見えにくい場合は、内部の熱を逃がしてしまうので、誘惑をぐっと堪えてドアを頻繁に開けるのは避けましょう。最初の段階では、ドアを開ける頻度は90秒から120秒おきに、焙煎が進むにつれてその頻度を上げていきます。また、ドアを開ける際には4〜5秒以上開けたままにしないでください。中を素早く観察するには、明るい懐中電灯を使うといいでしょう。以下が、焙煎が進む時間の目安です。

- ・2〜3分半：豆はより明るい色になり、緑色が強くなります。
- ・3分半〜4分：豆が黄色くなりはじめます。これが確認できた時間をメモしておきましょう。オーブンを開けて、外側の豆が中心に行くようかき混ぜます。
- ・5分半：コーヒー豆が明るい茶色へ変わりはじめます（豆はまだ小さくしわが寄った状態）。外側の豆のほうが早く変色するようであれば、再びかき混ぜます。
- ・7〜8分：1ハゼの音（ポップコーンがはじけるような音）が聞こえはじめるので、この時間をメモしておきます。
- ・1ハゼから20〜30秒後：天板をかき回します。
- ・1ハゼから45秒後（開始からおよそ9分）：パチパチと速く鳴る音は、コーヒーが劇的に変化している証拠です。この段階まで来れば、その後どれくらい焙煎するかはあなたの好み次第です。弾ける音の早さは仕上がりの風味に関係するため、ここで味の好き嫌いを判断して、次回以降の焙煎に活かすこともできます。1ハゼの終わりになると、音はだんだんゆるやかになり、2ハゼの前に再び静かになるタイミングが訪れます。音の勢いがあるときほど、この時間は短くなります。

　ステーキの焼き加減のように、焙煎が完了したと思う少し前の段階でコーヒーをオーブンから取り出します。コーヒー豆自体が持つ熱によって、焙煎が進むためです。

　できれば勝手口か屋外で、慎重にコーヒー豆をざるにあけます。手を伸ばして2つのざるを両手に持ち、30〜60cmの高低差をつけて片方のざるに入っている豆をもう片方へと移します（次ページの左下の写真を参照）。こうすることで「チャフ」と呼ばれるパーチメントの下のシルバースキンの残りかすが飛ばされます。ざるからざるへと移し続け、さわれるほどの温かさになるまで約4分、繰り返します。この冷却中に豆をこぼさないように注意しましょう。こぼさずにできたと仮定して、次に豆の重さを量り、元の重さから引いた数字を元の重さで割って減量率を算出します。この数値は焙煎の度合いと非常に強い関連があるので、次回から参照できるようにしっかりと記録しておきましょう。

　焙煎の度合いと豆の種類によって、コーヒーは5〜10日間かけて味が育っていきます。しかし、すぐに飲みたければ待つ必要はありません。

カッピングとコーヒーの風味の表現
Cupping and Describing Coffee Flavor

コーヒーの焙煎士は、カッピングに多くの時間を費やしています。カッピングとは、コーヒー業界の言葉でコーヒーを評価しながら試飲することです。カッピングすることで私たちはブローカーや生産者から届いたサンプルのコーヒー豆を評価し、選定します。また、さまざまな品種のコーヒーの焙煎度合いを決めるときにも行います。さらには、日々焙煎しているコーヒーの品質を管理するためにも行っています。

　カッピングは、私たちにとっては1日の始まりを告げる儀式のようなもの。コーヒーの香りを嗅ぎ、口に含み、音を立ててすする、を繰り返します。何人かのメンバーとは、少なくとも朝1回、その後もその日のうちに1〜2度、カッピングをしています。しばらくカッピングを続けていると感性が磨かれ、わずかな違いでも感じ取れるようになります。たとえ同じ豆をまったく同じ方法で焙煎したとしても、焙煎した日や焙煎士の違いがわかるようになるのです。

　歴史上、カッピングは購入した豆に欠点がないかを調べるための検査として行われてきました。例えば、輸送船の遅れで、豆の袋が1週間太陽の下に晒されていたのではないか？　収穫や精製方法の不備によって、コーヒーのアロマが消えていないか？　というように。しかし昨今、焙煎士たちはカッピングから豆の欠点を見つけるだけでなく、優れた特徴を見つけ出します。農園からより良い情報が得られるようになってきたこと、生産地に簡単に渡航できるようになったこと、特別なコーヒーには高額なお金を払うお客様も増えてきたことなどの要因が、カッピングの意義を大きく変えたのです。

　同時に、カフェやその他の場所でパブリックカッピングが行われるようになり、カッピングの記録用ノートもますます細かくなってきました。カッピングはコーヒーオタクの中でサブカルチャーになったのです。私がカッピングを好きな理由は、人が集まり交流を持ちながら行える、ソーシャルなものだからです。コーヒー焙煎のビジネスにおいてカッピングは、常に他の人々と意見を交わし合い、コンセンサスを得られる場でもあります。

　カッピングではコーヒーのプロたちが、野菜やパイナップルジュース、シダー（スギ）といった言葉で味を説明します。しかし個人的には、感覚的な体験を語るとき、適切な言葉を見つけるのは難しいと思っています。そこには私が音楽家として経験してきたことが、大きく関係しています。音楽家は、言葉と演奏を組み合わせてトレーニングを積み重ね、やがて感覚的な体験を言葉で表せるようになります。しかし、自分の主観を客観的に表現する方法を身につけるには長い時間がかかります。もし隣に座っている演奏家が「今のは金属的すぎる」と言った場合、私にははっきりとその意味がわかります。ところがこのコメントを偶然耳にした部外者の方は、私たちがどんな感覚のことを言っているのかおそらく理解できないでしょう。どういう意味かというと、「金属的」という表現は、Xという音をYという調子で演奏したときに起きるキンキンと響くような音です。そういった経験を何度も重ねてはじめて体験と言葉が頭の中でつながるのです。

　カッピングの言葉についても、まったく同様です。私は生豆のバイヤーとほぼ毎日カッピングを行っています。コーヒーの味を「シダー」という言葉で表現したとしても、私たちは何年も一緒に仕事をし、共通する感覚の言葉を作り上げてきたのでその意味が通じるのです。ブルーボトルで使うカッピング表に

は、私たちが味の表現で使っている感覚的なキーワード、言うなれば、私たちがカッピングを重ねながら蓄えてきた語彙がリスト化されています。以下がその一例です。

- 木：シダー（スギ）、レッドウッド（セコイア）、ホーリー（ヒイラギ）、パイン（マツ）、ファー（モミ）
- チョコレート：ダーク、ホワイト、ミルク、ワクシー（ろう）
- 花：ジャスミン、ローズ（バラ）、ライラック、ハニーサックル（ニオイエンドウ）
- ナッツ：ピーナッツ、アーモンド、ヘーゼルナッツ、ウォルナッツ（くるみ）
- 果物：バナナ、ブルーベリー、ストロベリー、ハニーデューメロン
- スパイス：ブラックペッパー、ジンジャー、コリアンダー、バニラ
- 突然、記憶の底からよみがえる強烈な香り：空気で膨らむプールのおもちゃ、ベスパ（Vespa イタリアのスクーター）の排気ガス、バズーカガム（Bazooka gum アメリカの風船ガム）、グッドウィル（アメリカのリサイクルショップ）にあるレザージャケット

　こうした感覚的な言葉を理解するには時間と訓練が必要で、一般の人たちにもすぐに通じると決めつけるのは大きな間違いです。もし私がシダーという言葉をコーヒー豆の袋に書いて売ったとすると、たぶんこんなことが起こるでしょう。お客様はシダーの味を感じられず、そんな自分のことをおかしいと思う。あるいはお客様が私のことをおかしいと思う。いずれにしても誰も喜ばないし、誰かが愚か者扱いされてしまいます。

　ブルーボトルでは「クリスマスのマジパン」や「フィリピンのドライマンゴー」といったコーヒーの表現を使う代わりに、ラベルやオンラインなどすべてにおいて、コーヒーについてのストーリーや、そのコーヒーによってどんな状態になるか、言い換えれば、そのコーヒーを飲むとどんな気分になるかを伝えるようにしています。これはマーケティングの一環でもなく、計算ずくの惹句でもありません。私は自分自身が体験したコーヒーの喜びを、相手にわかるように伝えたいのです。

　専門用語を使わないことで、表現はより自由になり、さまざまなやり方ができるのです。例えば、アマロ・ガヨ・ウォッシュド（Amaro Gayo Washed）についてはこうなります。

　ベイキングスパイスと香木が見事なソナタを奏でる、アマロ・ガヨ・ウォッシュドのコーヒー。さぁ、グランドピアノを思い浮かべ、Ｆメジャーのアルペジオで何オクターブか下がっていくところを想像してください。そして、ピアノから紡ぎ出される音の代わりに、シナモンやナツメグ、シダー、そしてメープルのアロマの旋律を想像してください。そして、思い描くのです。コーヒー豆を買って家に帰り、アマロ・ガヨをじっくりとポアオーバーでドリップしている姿を。コーヒーと一緒にお勧めしたいもの：スリッパ、タイムズ（Times）紙のスタイル（Style）面、グレープフルーツのマカロン、昼寝中のアイリッシュセッター。

　あるいは、たくさんの形容詞を盛り込んで、もっともってまわった言い方もできます。お客様はこれでうっとりするかもしれませんが、作家のプルースト風の過剰さに怒りを買うおそれもあります。

　ポアオーバーでドリップすると、とびきり華やかなアマロ ガヨ ナチュラル（Amaro Gayo Natural）。バニラのアロマ、軽やかなフルーツパンチ、そしてストロベリーのリップグロスが調和して、まるでジュニアプロム（高校のダンスパーティ）の日へとタイムスリップしたかのよう。エスプレッソでは、引き締まっていてクリーミーで、それでいて謎めき、どこか厳格な印象も。それはまるで、きまぐれ者の祖父がタバコのニオイのする古めかしいカーディガンを着て、シュークリームを頬張っているのを間近で見ているような気分です。このコーヒーが好むのは涼しい場所と、素早い抽出、1.25オンスのショット、清潔感のあるリビング、そしてステレオから流れるペンデレツキの曲です。

こういった表現が、人を多少怒らせたり、困惑させたとしても、少なくとも愚か者扱いされること
はないでしょう。ブルーボトルでコーヒーを評価するときには、米国スペシャルティコーヒー協会のカッ
ピング表に基づいた客観的な数値を使うこともあります。協会で用いる言語やシステムはコーヒーが公正
に評価されることを目指して生まれたものであり、大量のコーヒーを契約する前に、豆の品質が一定の基
準に達しているか、バイヤーが確認できるようにするためのものです。多くのコーヒーのプロたちは、特
定のコーヒーの点数を、それぞれ90や82と評価したとしても、"キャリブレート（較正）"（コーヒー業
界の用語で目盛り合わせ・基準や偏りを調整すること）して、最終的に86というところに収めます。し
かし私たちは、この評価方法をカッピングルームの外へと持ち出すことはあまりありません。なぜなら、
カッピングの点数はコーヒーが持つ特徴を文字通り客観的に数字で評価しただけだからです。それは、ど
んな場面でどのような味が楽しめるのかについて、何も表していません。

はかりが必要な理由
WHY YOU NEED A GRAM SCALE

　本書では、アメリカの料理人の間でもっとも一般的な、容量の計量単位を採用していますが、私たちがこれを普段使っているわけでも、お勧めしているわけでもありません。ここで読者の皆さんとケイトリンと私の間で約束をしましょう。私たちは容量の単位を載せていますが、あなたが重量を計測できる"はかり"を買うなら容量の単位は無視してください。グラムでの計測がより正確です。それを採用することで私たちはコーヒー愛好家として、あるいは菓子職人としての経験値を上げました。あなたのコーヒーライフもさらに良くしてくれるはずです。

　　では早速やってみましょう。もし、はかりを持っていないなら、少し遠出をしてでも買いに行きましょう。なぜかというと、量を計測する場合、重量は容量よりも正確だからです。これは個人的な意見ではなく、物理学的に言えることです。例えば、小麦粉を考えてみてください。ふるいにかけた小麦粉1カップの重さは驚くほど軽くなります。他にもわかりやすい例を挙げると、ブラウンシュガーです。カップにぎっしり詰め込んだブラウンシュガーは、軽く盛ったときよりも明らかに重くなります。またもちろん家庭で焙煎したり、コーヒーを淹れたりする際も、簡単に減量率を計算できたり、素晴らしいドリップコーヒーができたり、はかりへの小さな投資は十分に価値があります。こう考えてみてはどうでしょう。家でケーキ作りやコーヒー焙煎が上手くいかない理由は、正確に計量できていないことが原因なのでは？と。良いコーヒーを買ってきて美味しく淹れたいのであれば、適当に量る、ではだめなのです。

　エスカリ（Escali）とオクソ（Oxo）は、性能のよいはかりを販売していますが、私たちが好きなのはアメリカンウェイ（American Weigh）のAMW-2000です。これは0.1gまで量ることができて、バッテリーが素晴らしく長持ち持ちするうえに、見た目も悪くありません。そして、ポアオーバーでゆっくりと慎重にドリップしている間に、自動的に電源が切れてしまうイライラする機能をオフにすることができます。

自宅でのカッピング
Cupping at Home

カッピングは家庭でも行うことができます。しかし、1人でカッピングをしてインターネットに書き込むようなことはしないでください。コーヒーはソーシャルなものですから、家でカッピングをするなら誰かと一緒に、できればあなたが好きな人と一緒に行うべきです。自宅でのカッピングは、自分が好きなコーヒーを知り、風味やその特徴を学ぶ素晴らしい方法です。カッピングのよい点は、簡単にコーヒーの違いを感じ取れることです。ブルーボトルでのパブリックカッピングで、いつも目にする光景ですが、参加者はブラジルとスマトラのコーヒーを簡単に区別でき、それに驚きながらも晴れやかな笑顔を見せてくれます。自分が思っていた以上に、違いを感じ取れたことがわかると自信につながります。そうはいっても、最初は簡単なものからはじめるのがお勧めです。まずは4種類以下の異なる産地のシングルオリジンコーヒーを用意します。ブレンドは避け、また極度に深煎りのコーヒーも避けましょう。深く焙煎した豆は、その特徴が隠れてしまう場合があります。いずれは、ウォッシュドのイルガチェフェを数種類並べたマニアックなカッピングを楽しむのもいいでしょう。そして、そのまま飲んでも十分に美味しい水を用意してください。

準備するもの
- 3〜4種類のコーヒー豆を18gずつ。さらに準備用にそれぞれ9〜20gずつ。正確な測定や準備中に失敗した場合を考え、それぞれのコーヒーにつき2つのサンプルを用意します。
- はかり
- コーヒーグラインダー（豆を挽く器具）
- 180〜240㎖の容量がある同一の磁器カップ6〜8個。カプチーノカップや小さなスープボウルのように、飲み口が広めになっているものが望ましい。
- 良質な水
- テスター1名につきスープスプーン1本
- 表面に浮き上がるコーヒーの粉を取り出すための器

グラインダーの下準備
まずグラインダーに残っている、前に挽いたコーヒー粉を取り除きます。最初にカッピングするコーヒー豆をひとつかみし（9g程度）グラインダーにかけ、挽いた豆は捨てます。

コーヒー豆を挽く
最初のコーヒー豆を9g量り、ポアオーバー用（p.79参照）とフレンチプレス用（p.83参照）の中間ぐらいの中挽きで挽きます。続いて、同じ豆の2つ目のサンプル9gをセットします。コーヒー豆の種類を変えるごとにグラインダーの下準備をし、この工程を繰り返してそれぞれの豆を挽いていきます。そして、豆の名前がわかるようカップにラベルを貼ります。

香りを嗅ぐ
湯を注ぐ前に、乾いた状態のサンプルの香りをそれぞれ、口を開けて嗅ぎます。こうすることでアロマをたっぷり口蓋へと取り込めます。

湯を加える

ケトルか、水の加熱専用に使っている器具で、1.47ℓの水を96℃に熱します。それぞれの豆にゆっくりと湯を同量ずつ注いでいきます。ブルーボトルのカッピングの比率は、コーヒー1に対して湯17です。この比率を正確に再現するには、それぞれのサンプルに約150gの湯が必要になります。便利なことに1gの水の容積は1㎖ですから、150㎖ずつカップに注いでいくことになります。湯を注いだら3～5分置きます。その間に、残りの湯を入れた背の高いグラスにスープスプーンを入れておきます。

再び、香りを嗅ぐ

湯を注いでから、カップから高さ2.5cmのところに鼻を近づけ、再び1杯ずつ香りを嗅ぎます（私は、ほぼ毎回鼻にコーヒーがついてしまいます）。そして、それぞれの違いや共通点をメモしてみましょう。乾いた粉の状態からアロマにどんな変化があったか、「オリーブの香り」といった見事な表現を思いつこうとするよりも、比較や対比することで違いを見つけるほうが簡単です。

ブレイクする

湯を注いでから3～5分で、カップの表面に浮き上がってきたコーヒーの粉の層（クラスト）をブレイクし（崩し）ます。ここにほとんどのアロマが閉じ込められているのです。閉じ込められていたガスをできるだけ解き放つように、スプーンを使って表面の層を割ります。再び鼻をカップに近づけ、深く吸い込みます。別のコーヒー豆に進む前にスプーンをお湯のグラスに浸けてすすぎ、サンプル同士が混ざらないようにしましょう。

表面に浮いたクラストを取り除く

スプーンを1本、もしくは2本使って、表面に浮いたコーヒーのクラストをすくい取って器に出します。カッピングをするときに粉を吸い込まないよう、表面のクラストはできるだけ全部取り除きましょう。極めて浅煎りの場合、粉は底に沈みやすいので表面にほとんど浮きません。そしてまた、別のコーヒーへ移る前に必ずスプーンをすすぎます。

味わう

スプーンに1杯のコーヒーを取り、勢いよくすすります。音を立ててすすることで、コーヒーは口蓋へ、すべての味とアロマを運んでくれます（男ばかりのマッチョなカッピングルームでは、もっとも大きな音を立てた人が一番のワルとされていますので、あなたも豪快なすすり音を身につけるよう励んでください）。集中して比較しながら違いを見極めます。でも他の人がテイスティングを終えるまで、自分の意見を言葉にしてはいけません。もしあなたが「面白い……焼きバナナの味がする」と言うと、全員が「まさに！　バナナだ！」と言いはじめるでしょうから。

繰り返す

コーヒーが冷めていく間に、何度かテイスティングを行います。毎回、新しい発見があります。カッピングをすると、「熱々のコーヒーだけがもっとも面白く味わいが豊か」ではないことに気づくでしょう。

抽出

DRINK

　どんな抽出方法でも、コーヒーは1杯ずつ淹れて、すぐに飲む、が私の信条です。中でも私のお気に入りは、もっとも手軽に淹れられるポアオーバーです。いわば、焚き火料理のように初心者向きで、必要なものはコーヒー、水、ドリッパー、フィルターだけ。豆を挽き、重さを量り、ドリッパーをセットして、お湯を注ぐと、ゆっくりとコーヒー豆がお湯を吸収し、豆からコーヒーの成分がお湯に溶け出します。

　ブルーボトルのカフェではポアオーバーに大きな情熱を注いでいます。この本でも同様です。なぜならポアオーバーは美味しい1杯を作り出すための、もっとも基本的で手軽で、しかも効果的な抽出方法の1つだからです。しかしポアオーバーであろうと、エスプレッソであろうと、コーヒーを淹れる基本的なプロセスは「抽出」です。抽出とは、熱湯を使って焙煎した豆からコーヒーの成分を引き出すことです。まず、コーヒー豆をグラインダーで挽くと、さまざまな表面積を持つ小さな粒になります。そしてそれらの表面がお湯に触れると、そこから成分が溶け出します。これが「コーヒーを淹れる」ということです。抽出が不十分だと物足りない味になりますし、逆に過抽出だとコーヒーの美味しさを打ち消す不快な成分が溶け出してしまいます。豆の挽き方、お湯の温度、挽いた豆がどれくらいの時間お湯に触れたのか、これがコーヒーの抽出において重要な要素です。この章では、お勧めの淹れ方を通して、それらの変数をマスターする方法をご紹介していきます。

　また、ポアオーバーの淹れ方も手順を追って説明します。さらにグラインダーの選び方、ネルドリップやサイフォンの使い方、そして興味がある方のためにトルココーヒーで使われるイブリックにも触れ

ます。また、諸説あるエスプレッソの淹れ方についても掘り下げてみたいと思います。本章を読み終わったあと、家庭用のエスプレッソマシンを購入すべきか否かの答えは出ないかもしれませんが、もし買うと決めたならば、最善の抽出方法をお教えしましょう。

　コーヒーを淹れることはシンプルな芸術です。しかし同時に複雑な側面もあります。練習、精密さ、自分が欲するものを作り出すことができるという心からの喜び。それはまるで、どこまでも広がり続ける歓喜の宇宙のようです。そのために習得すべきことは無限にあるのです。

コーヒーを淹れる技術
Brewed Coffee Techniques

良いステーキ肉があったら、あなたは電子レンジで焼きますか？　なぜ人はコーヒー作りを機械に任せてしまうのでしょうか？　コーヒーをコーヒーメーカーで淹れることは、ポップコーンを電子レンジに入れて、「ポップコーン」ボタンを押すのと同じことです。機械はあなたから主導権を奪ってしまいます。もし上質な豆を購入し、それを美味しく淹れたいと思うなら、その1杯のための努力、技術、熱意を表現できる淹れ方を選ばなければなりません。そして電動のコーヒーメーカーはその選択肢に入っていません。

　まず、ほとんどの電動コーヒーメーカーはお湯を抽出に適した温度にすることができません。さらにたいていは機械の中に、安いプラスティックの管が使われていて、そこから不快な味が染み出す傾向にあります。最高品質のコーヒーマシンでも注湯の量や方法をコントロールすることは難しいので、フィルターの一部では過抽出になり、別の部分では抽出不足が起こりがちです。挽いた豆はお湯に十分に浸かった状態にはならず、新鮮な粉を入れるためのカゴも小さすぎます。新鮮な粉はお湯が注がれると古いものよりもずっと大きく膨張するのです。コーヒーの美味しい風味を抽出するには、淹れる時間があまりにも短すぎるのです。さらに、でき上がったコーヒーはコーヒーウォーマーの上で放置されるか保温ポットに移されて保管されます。すると、マシンがかろうじて作り得た風味すらも壊してしまうのです。

　何百万人という人がコーヒーマシンとともに1日の始まりを迎えていると思うと悲しくなります。シンプルな抽出器具で美味しいコーヒーを淹れることができれば、喜びはひとしおなのに。でも、シンプルとはいえ、器具はいいものを選んでください。正確な数字を測るために、グラム表示のはかり（p.62参照）や、精度の高い温度計またはサーモカップルが必要です。サーモカップルは科学や工業分野で使われる電子温度センサーで、エアコンやオーブンの温度調整に使われています。これはホームセンターなどで入手できます。コーヒーにお湯を注ぐ際は非常に慎重なコントロールが求められます。そのために最適なのが「スワンネック」と呼ばれる細い注ぎ口のケトルです。またコーヒー豆を挽く際には粉の粒子を揃える必要があるので、性能の良いグラインダーも用意しましょう（詳細はp.75で）。あとはセラミックのドリッパーと上質なフィルターです。以上がポアオーバーで必要となる基本的な器具です。別の方法（フレンチプレス、ネルドリップ、サイフォン、トルココーヒー）でコーヒーを淹れる場合は、それぞれに合った器具を用意する必要があります。そして当然ながら、きれいで新鮮な美味しい水を使用してください。

　住んでいる地域によっては、ほとんどの器具は近くで調達できるでしょう。さもなければ、今はイ

ンターネットのおかげでどんなに謎めいた珍しい道具でも手に入ります(私たちがもっともお勧めするコーヒー器具の中には、ブルーボトルのオンラインショップで販売しているものもあります)。私たちのお勧めのブランドを以下にご紹介しましょう。

- **はかり**:アメリカンウェイ(American Weigh)、エスカリ(Escali)、オクソ(Oxo)
- **温度計類**:エクステック(Extech)、ハネウェル(Honeywell)、テイラー(Taylor)、コールパーマー(Cole-Parmer)
- **スワンネックのケトル**:ハリオ(Hario)、タカヒロ(Takahiro)、コーノ(Kono)、カリタ(Kalita)
- **ドリッパー**:ボンマック(Bonmac)、メリタ(Melitta)、コーノ、ハリオ
- **フィルター**:ボンマック、ハリオ、コーノ、フィルトローパ(Filtropa)
- **フレンチプレス**:ボダム(Bodum)、フリーリング(Frieling)、エスプロ(Espro)
- **ネルドリップセット**:ハリオ、コーノ
- **サイフォン**:ハリオ(同じ仕様でボンマック製もあり)、ヤマ(Yama)

thermocouple

ポアオーバーコーヒー
POUR OVER

私がときどき開いているワークショップでは、ブルーボトル式のポアオーバーを実演しています。そこでは、参加者の方にいかにポアオーバーが簡単で、コーヒーメーカーで淹れたものより美味しいかを体験していただいています。ポアオーバーは、毎日淹れ続けることで少しずつ上達し、やがて1杯ごとの微妙な香りの違いをも嗅ぎ分けられるようになります。

　ブルーボトルのポアオーバーは長年にわたって変化してきました。のちほどご紹介するのは、日本の神戸に拠点を置くUCC上島珈琲の専門家、ジェイ・エガミ(彼について詳しくはp.91参照)の淹れ方を見て、私が2007年から試し続けた結果、まとめたレシピです。彼がグラム単位で正確に豆を量り、決められた温度でゆっくりとお湯を注いでいるのをはじめて見たときは、正直、ブルーボトルのキオスクでやるのは大変すぎるし、ばかげているとすら思いました。でもそういう疑念を持ったからといって、彼のコーヒーを飲まなかったわけではありません。そして、飲んだ瞬間に私の考えは変わりました。きっと皆さんにも同じ体験をしていただけるでしょう。

　p.79に掲載しているポアオーバーのレシピが基本になりますが、レシピは答えを示すと同時にそれ以上の疑問をもたらすものです。もっともシンプルなコーヒーの淹れ方でさえ、さまざまな要因によって味が無限に変わってくるので、疑問が出るのはごく自然なことです。こんなことを言うと、二の足を踏んでしまうかもしれませんが、人生におけるあらゆることにあてはまるように、「まずとにかくやってみること」が大事です。コーヒーを淹れて、味見をして、楽しみ、そして何か気づいたことがあれば改善する。コーヒーオタクを自称するならノートに書き留めてもいいですし、そうでなければ覚えておくだけでもよいでしょう。あなたの直感に従って淹れていると、いつしか自分好みの味に近づいていきます。それでは、ポアオーバーのレシピから生まれてくるであろう質問を見ていきましょう。

コーヒーの量は？
HOW MUCH COFFEE?

コーヒーの量は抽出比率で表したいと思います。例えば、350mlの水に対してコーヒー豆が35gだとすると、比率は10：1となります。コーヒーの世界で数多くある疑問と同じように、正しい比率を巡っては議論が重ねられていますが、どんなに白熱した議論であっても、最終的な答えを決めるのは主観です。本当の疑問は「どの比率だとあなたはコーヒーを美味しく楽しめるか」ということに尽きますが、実は「水と豆の比率だけを考えても意味がない」というのが正解です。なぜなら比率だけでなく、お湯の温度、抽出速度、豆の挽き具合など、複合的な要因が影響し合って、1杯のコーヒーの味が生み出されるからです。とはいえ、比率に関するいくつかのガイドラインを示しておきましょう。

　　焙煎が深めのコーヒーは、一般的に低い比率（つまり、豆に対して少なめの水を使う）のほうが美味しくなります。また、できるだけ焙煎直後の豆を粗挽きで使問し、かつ温度が低めのお湯で淹れるといいでしょう。ブルーボトルの二大人気を誇るブレンドは、どちらも深めの焙煎で、87℃のお湯と焙煎後2～5日の豆を使用し、10：1の比率で淹れています。それとは対照的に、極めて標高の高い場所で細心の

DRINK / 73

注意を払って収穫、精選処理された高密度のシングルオリジンコーヒーは、非常に浅く焙煎します。淹れるときは高い比率（量は多め）で、熱めのお湯を注ぎ、長めに蒸らすと豆の味わいを最大限に引き出せます。これはラボで試行錯誤を重ね、詳細に記録したノートから導いた結果です。日本では10：1が標準的な比率ですが、4：1や15：1などの比率も見かけたことがあります。水と豆の比率、お湯の注ぎ方、お湯の温度、抽出にかける時間、これらが組み合わされて、探し求める味と質感を生み出すのです。

最良のドリッパーは？
WHICH DRIPPER IS BEST?

1つ穴、3つ穴、大きい穴……ドリッパーにはいくつかの選択肢があります。私たちはコーヒーがお湯に触れる時間が最適な、1つ穴のボンマック（Bonmac）セラミックドリッパーを愛用しています。私がこれまで日本を旅してきた中で、いつ訪れても影響を受けるカフェがこのタイプのドリッパーを使用しています。シンプルで、お手頃な価格、そして昔ながらのドリッパーは、数十年間にわたって使用されており、その実績は保証済みです。大きい穴のドリッパー（代表的なのはハリオのV60）は近年アメリカで人気急上昇のモデルです。その理由は、個人的な見解ですが、コーヒー1杯を淹れる時間が短いためでしょう。欠点としては非常に扱いが難しいことです。不可能とは言いませんが、お湯を注ぐ際に、お湯が豆に触れている時間をコントロールするのがとても難しいのです。コーノのドリッパーもハリオV60と同様、大きな1つ穴モデルで表面的には類似していますが、内部の幾何学的構造が違い、より簡単に美味しいコーヒーを繰り返し淹れることができます。

抽出時間は？
HOW FAST SHOULD THE EXTRACTION BE?

通常、3分から3分半ほど、およそ1㎖あたり1.5秒をかけるのが私の好みです。時間はお湯を注ぐ速度によって変わるのはもちろん、挽いた豆の粗さによっても変わってきます。細挽きの場合は、お湯を注ぐ速度に関係なく抽出時間が長くなります。使用するグラインダーによって細かな微粉がたくさん出てしまった場合も、フィルターの網目を詰まらせるため、抽出に時間がかかります。

グラインダーの話（エスプレッソ以外）
GRINDERS FOR EVERYTHING BUT ESPRESSO

ホールビーン（豆の状態のコーヒー）を購入し、家で豆を挽くだけで、あなたのコーヒー体験は格段にレベルアップします。もしグラインダー（コーヒーミル）を持っていないなら、今すぐに購入をお勧めします。

ブルーボトルは、多少の批判を受けながらも、ホールビーンのみで豆を販売することにこだわっています。それにはいくつかの理由がありますが、最大の理由は挽いた豆は非常に劣化しやすくなるからです。

ではあなたが自宅で豆を挽いて、これからコーヒーを淹れるとしましょう。エスプレッソではありません（エスプレッソのグラインダーについてはp.106をご覧ください）。コーヒーを淹れるとき、特にドリッパーとペーパーフィルターを使用する場合は、グラインダーに多少の選択肢があります。胡椒などのスパイスを挽くタイプのプロペラ式の刃がついたものが一番手軽な値段です。これらのグラインダーの長所は、わずかな投資金額で、すでに挽かれたコーヒー豆を買う必要がなくなることです。ただし、豆の挽き具合を均質に保つことは、絶対と言ってもいいくらい難しい。粒の大きさは、粉末のようなものから粒感があるものまで、ばらつきがあり、毎日同じ粗さで挽くことはできません。"挽きながらシェイク法"を取り入れれば、少しは均等に挽くことができます。やり方はその名の通り、グラインダーを振りながら2〜3秒、豆を挽きます。いったん止めて、摩擦で豆が熱くなりすぎるのを防ぎます。そしてまた挽きながらシェイクするのを繰り返し、好みの粗さにします。

しかしながら、フレンチプレス、ネル、サイフォン、トルココーヒーを淹れる場合、プロペラ式のグラインダーはイライラのもとになるでしょう。というのも、このグラインダーではコーヒー豆が均一にならないため、大きな粒は抽出不足の原因になり、小さな粒は過抽出の原因になるからです。抽出にばらつきが出ると、コーヒーは好ましくない味になりがちです。それゆえ、前述の方法でコーヒーを淹れる際は、粒子がほぼ均一になるように調節できるバーグラインダーが必要です。このタイプのグラインダーは、バーと呼ばれる2枚の金属ディスクが豆を挟んですり潰す工程で豆を挽きます。鋭い刃がついたディスクが回転するスピードは毎分500〜1500回。さらに刃と刃の隙間の大きさ、つまり挽目は、非常に細かく調節できます。

バーグラインダーならすべて同じというわけではありません。電動と手動があり、手動の場合、金属の代わりに高級セラミックの刃を使ったものが一般的です。これには長所も短所もあります。セラミックの刃のほうが金属刃より長期間、鋭利に保つことができて、洗浄も簡単ですが、金属刃に比べて壊れやすいのが欠点です。手動のグラインダーは旅行などに携帯しやすい反面、コーヒー1杯分を挽くために、およそ250回以上回さないといけません。ポーレックス（Porlex）、ハリオ、ザッセンハウス（Zassenhaus）などが販売している優秀な手動グラインダーは100ドル以下で手に入るので、自分で豆を挽く気力があるならば、非常に経済的です。

良質な電動グラインダーの値段は、一般的に100ドルから300ドルほどです。できるだけ大きなバーを内蔵していて、全体がずっしりと重く、低速回転モーターのものを選びましょう。高速回転のものは摩擦で豆を温めてしまいがちで、粒子が不揃いになる原因になったり、味を損なう恐れもあります。また粒の大きさを何段階も変えられるものもありますが、完全に大きさを調整したければ、どんな挽き目にも対応可能なステップレスグラインダーを探すとよいでしょう。

お湯を注ぐのは時計回り？ 反時計回り？
SHOULD YOU POUR CLOCKWISE OR COUNTERCLOCKWISE?

お湯を注ぐ方向に関して、日本のUCCコーヒーアカデミーでは一貫して時計回りを推奨しています。常に時計回りです。自宅のキッチンでは、別にお好きな方向で構いません。ベーシックコースで教える際には時計回りだろうと反時計回りだろうと、こだわりません。ところが以前、その件が話題になったときに、ある男性（こういう場合、なぜかいつも男性）が、「オーストラリアでは反時計回りだね」と意地悪くクスクス笑っていました。そんな人にはならないでください（笑）。

お湯の適温は何度？
WHAT TEMPERATURE OF WATER SHOULD BE USED?

一般的に、浅煎りの豆ほどお湯の温度は高く、最高で96℃くらいまで。豆に対してお湯の比率が高い場合や、細挽き豆の場合も、高めの温度のほうがより美味しく淹れられるでしょう。しかし私が日本で飲んだ忘れがたいコーヒーは深煎りでお湯の量は少なく、粗挽き、そして極めて低温で抽出されたものでした。その温度はなんと79℃。たいていコーヒーは、88℃〜96℃の間で美味しく淹れられるものですが、こうしたことを実験してみるのもコーヒーを楽しむ醍醐味の1つです。概して抽出時間が長いほど、温度は低めがよいとされます。さもないと熱によってコーヒーがダメージを受ける恐れがあるからです。

コーヒーに砂糖とミルクは入れるべきか
CONDIMENTS

皆さんの中でコーヒーにミルクか砂糖、もしくはその両方を入れる方は多いかもしれません。率直にぜひお願いしたいのは、何かを加える前に、まず、味見をしてみてください。ひとくち目は、毎回そのままで味わっていただきたいのです。どんな味や香りがするか、そして砂糖やミルクを入れたあとにどんな変化があるか、気づいて欲しいのです。それ以降は何を加えていただいても構いません。

　　もし普段、カフェラテをよく飲むのであれば、カフェラテとは別にエスプレッソも注文してみてください。まずはエスプレッソを飲み、それからラテを味わっていただきたいのです。ミルクはあなたのコーヒー体験をどのように変えるのか？　ミルクが加えたものは何か？　奪ってしまったものは何か？　丁寧に焙煎されたコーヒーで巧みに作られたドリンクに慣れ親しむことで、何も加えてないブラックコーヒーにも興味が湧いてくるかもしれません。では、ブラックコーヒーを飲むほうが道義的に正しいか？　それについてはここでは触れないでおきますが、ブラックコーヒーを選ぶ理由はたくさんあります。よりシンプルで、ピュアで、ローカロリー。何よりコーヒー100％なのです。

ポアオーバーコーヒー
Pour-Over Coffee
1人分　約300㎖

ポアオーバーでコーヒーを淹れるときに欠かせない2つの器具は、スワンネックのケトルとはかりです。スワンネックのケトルを使用すると、正確にお湯を注ぎやすくなるので抽出が安定します。ケトルに50ドルもの投資をすることに反対する人もいるかもしれません。しかし、どれだけの人が、一度も使っていない石のピザ台や、棚の奥に押し込められているアイスクリーム製造器やらにお金を費やしてきたことでしょう。ケトルとはかりがあれば、買ったその日から毎日使えて、すぐに美味しいコーヒーが飲めるようになります。何より毎朝起きると、まず美味しいコーヒーを淹れたいと思うようになります。友人たちはあなたに「コーヒーを淹れてよ」「上手な淹れ方を教えて」とお願いしてくるでしょう。それだけでもお金を払うだけの価値はあります。

　　コーヒーマグの容量をおよそ300㎖相当ということにします。便利なことに容積1㎖の水は1gの質量になるので、この秘密の知識を持っていれば、ゼロに戻したはかりの上でお湯を注ぐことで、お湯の重さだけでなく、注いだ湯量までわかります。同様にタイマーを使えば、注湯の早さと抽出時間を正確に測れます。さらに温度計を加えれば、抽出温度のデータだって集められるのです。朝食前にデータ収集を！

準備するもの
- 良質な水　590㎖
- スワンネックのケトル
- はかり
- コーヒー豆　20〜35g
- グラインダー
- サーモカップルまたはその他の温度計
- セラミックドリッパー
- コーヒーカップ
- フィルター（ケナフか竹材のペーパーがベスト）

コーヒーを淹れるために300㎖の良質な水が必要です。ケトルもしくは湯沸かし器に2倍の量のお湯を沸かしましょう。なぜ2倍かというと、ドリッパーやカップを温めるためにも使うからです。まず、ケトルを強火にかけます。

　　お湯が沸く間に豆を計量しておきましょう。豆の量は抽出比率によりますが、15：1の場合は20g、10：1の比率を採用する場合は30gになります。豆は、粉を親指と人差指で押しつぶすと塊ができるぐらい細かく挽きます。柔らかいけれど少しザラついた粒感が残る程度です。挽き目の細かさを均一にするのは家庭では調整が難しいところです。焙煎所ではグラインダーを評価する際に、挽いた豆の粒と、細挽きなど粉末の豆の粒の大きさを計測します。しかし家庭では直感がものをいいます。いろいろ試して好みの設定を見つけてください。

　　お湯が沸騰したらスワンネックのケトルに注ぎ、温度が85〜96℃の間になるまで待ちます（温度はコーヒーの種類と焙煎度合いによって選んでください。p.76参照）。残ったお湯で、セラミックドリッ

パーとカップを温めます。

　　　　フィルターをドリッパーにセットして、挽いたコーヒー豆を入れます。コーヒーは中央に自然な形で盛ってください。カップが温まったところでお湯を捨てて、空にしたカップをはかりの上にのせ、挽いた豆を入れたドリッパーをセットし、はかりの数値をゼロにします。

　　　　やさしくゆっくりと、少量のお湯を中心に注ぎます。フィルターの縁にお湯が触れないよう、25セント硬貨（約25㎜）ほどの大きさの円を描くようにします。理想は注いだお湯が下のカップに1滴も落ちないように、最少限の湯量で豆にしっかりとお湯を浸透させることです。一般的に、豆は質量の2倍のお湯を含むことができます。カップ、ドリッパー、豆をセットしたものをはかりにのせれば、お湯の量を簡単にチェックできます。例えば35gの豆をフィルターに入れた場合、はかりをゼロに戻したら、目盛りが70gになるまでお湯を注げばいいのです。ほらできた！　お湯を1滴もカップに落とさないように豆を湿らせるには技術が必要です。豆の湿らせ具合が均一であればあるほど、より多くの水分を含ませることができます。あなたは豆の2倍の量のお湯を1滴もカップに落とさずに注ぐことができますか？　1.75倍ならどうでしょう？　2.25倍は？

　　　　これは単にマニア向けのこだわりではなく、コーヒーの味に大きく影響する要素です。これが上手くいくと、お湯がコーヒーを大きく膨らませる「蒸らし」という工程も上手くいきます。蒸らしには30秒から40秒かけてください。1週間以上前に焙煎されたコーヒーは最長60秒まで蒸らします。蒸らしの時間を少し長くすることで、古いコーヒーに深みを与え、豆が持つ味わいを引き出せます。

　　　　お湯を注ぎます。このときもゆっくりと、中心に一定の方向で小さな円を描くように注ぎましょう。明るい茶色の帽子のような形に膨んできました。ブルーボトルではこれを「マッシュルーム」と呼んでいます。お湯はコーヒーがフィルターからカップへ注ぎ落ちる速度とフィルターに注ぎ淹れる速度が常に一定になるように注意してください。つまり、フィルター内の水面が上がりも下がりもしないよう一定の速度で注ぎ続けます。さらに、マッシュルームはドリッパーの3分の2の高さを維持してください。毎秒1〜2㎖（小さじ1/4〜1/2）の湯量を目指します。大さじ1杯は約15㎖に相当しますから、7〜15秒で大さじ1杯分、という計算です。

　　　　繰り返しになりますが、コーヒーの抽出率は注湯の速度だけでなく、豆の量、挽き目の大きさ、細かな微粉の割合、そしてお湯の温度など、さまざまな要因で変化します。抽出速度はお湯の注ぎ方にもよりますが、それだけがすべてではありません。ですから最初からゆっくり均一に注ぐことができなくてもどうか気にしないで。これには技術が必要なので練習あるのみです。

　　　　コーヒーを目的の量まで抽出したら、ドリッパーをカップから外しましょう。このとき、フィルターに残ったお湯を全部落とさないほうが、美味しいコーヒーになります。最後の段階になると、豆に含まれる不快なエキスまで抽出されてしまいます。それを入れないようにすることで、より美味しいコーヒーに仕上がります。

　　　　さあ、自分で淹れたコーヒーを飲んで、その出来栄えに驚いてください。そして、お好きなだけ何度でもコーヒーを淹れてください。

フレンチプレスコーヒー
FRENCH PRESS COFFEE

フレンチプレスはコーヒーを紙などでろ過しません。そのため、リッチで芳醇な味わいが、コーヒー愛好家たちを魅了し続けています。フレンチプレスで淹れたコーヒーは、主にミルクや砂糖を加えて飲まれる傾向にあり、実際にミルクを加えることで舌触りがなめらかになります。ミルクや砂糖を入れるかは別問題として、もしあなたがコーヒーに他の何よりも濃厚さを求めるのであれば、最後に行き着くのは間違いなくフレンチプレスでしょう。

　　ひとつ注意したい点は、フレンチプレスは紙のフィルターを使用しないため過抽出になりやすいということです。液体の中に豆の粒が残るので、カップの中でも抽出は続きます。ですから、プレスを押し下げたらすぐにカップにコーヒーを注いで、なるべく早く飲むようにしましょう。どんなコーヒーでもコーヒーウォーマーにのせたり、カラフェに入れっ放しにしておくのは良くないことですが、特にフレンチプレスは少しの間でも放置したら、とんでもない味になってしまいます。時間を置くほど抽出は進むため、一般的なサイフォンやポアオーバーで淹れたコーヒーのように、冷めても美味しい、とはなりにくいのです。総じてお湯の中を浮遊する微粉が少ないほど、冷めたときの味が良くなる傾向にあります。しかしながら、プレスを押し下げる前にいくらかの粉を取り除くことで、問題を完全に解決はできないまでも、軽減させることはできます。では、フレンチプレスの淹れ方を説明しましょう。

フレンチプレスコーヒー
French Press Coffee

お湯355mlに対して、コーヒー（挽いた状態）を20gから35g用意します。もしミルクや砂糖を入れる場合、または深めに焙煎された豆の場合は、使用するコーヒー豆を増やしてください。浅煎りのコーヒー豆や、砂糖やミルクを入れずに飲む場合は、プレスを押し下げる前に穴の空いているスプーンで浮いている粉を取り除くのがお勧めです。お湯とコーヒー豆の比率は12：1で、355mlのお湯に対して28gの豆となります。

準備するもの
- 良質な水
- はかり
- コーヒー豆
- グラインダー（バーグラインダー推奨）
- サーモカップルもしくは温度計
- フレンチプレス
- 箸もしくは木製のスプーン
- タイマー
- 穴のあいたスプーン（中さじ）※必要なら

どのくらいの量のコーヒーを淹れるにしても、2倍の良質なお湯を準備し、ケトルもしくは湯沸かし器に入れてください（お湯は空のフレンチプレスとカップを温めるためにも使用します）。

お湯を沸かす間にコーヒーを量りましょう。抽出比率によって量は変わりますが、例えばお湯が355mlの場合、15：1なら豆を20g、10：1であれば35g使用します。豆は細かく挽きすぎないようにしましょう。挽き具合としては、パウダーのような細かさではなく、歩いていて心地よいビーチの砂くらいの大きさが理想的です。

お湯は沸騰間近の92℃を目安にいったん火から下ろします。空のフレンチプレスにお湯を注いで容器を温めます。数秒後、そのお湯を今度はカップに移して温めます。

挽いたコーヒー豆をフレンチプレスに入れ、お好みの湯量をゆっくりと注ぎ入れます。箸でやさしくかき混ぜたあと、金網フィルターをコーヒーの表面から1.3cm上にセットします。このまま3分間置きます。

3分経ったら、一度金網フィルターを取り、しっかりとコクのあるコーヒーに仕上げたい場合は、一度、箸を使ってやさしくかき混ぜます。すっきりと軽めに仕上げたい場合はかき混ぜずに、代わりに穴あきのスプーンで浮いているコーヒー粉を取り除きます。

次に、金網フィルターをゆっくり底まで押し下げます。このとき、手に抵抗を感じないようであれば、豆の挽き具合が粗すぎたということです。逆に押し下げるのにあまりにも力が必要であれば、豆を細かく挽きすぎたということになります。細挽きすぎる豆を使用するのは危険です。フタが抜けずに格闘してツマミの部分をねじると、100℃近いお湯とコーヒーの粉を体に浴びかねません。金属フィルターを押し下げる際は6.8〜9.1kgぐらいの力で、徐々になめらかにフィルターを下ろすのが理想です。それがどれくらいの力かよくわからない場合は、体重計に手をのせて、表示がだいたい9.1kgになるまで力をかけてみてください。底までフィルターを押し下げるのに約15秒から20秒ほどかかるはずです。

底まで押し下げたら、すぐにカップに注ぎましょう

日本のコーヒー文化、茶亭 羽當とネルドリップ
COFFEE IN JAPAN, CHATEI HATOU, AND NEL DRIP

日本のコーヒー文化は世界的に見ても非常に洗練されています。そしてブルーボトルも大きな影響を受けてきました。

　　　　日本では古くからハンドドリップでコーヒーを淹れる伝統があり、特にサイフォンとポアオーバーが主流です。この国のコーヒーの歴史は1800年代の中期、江戸時代の後期まで遡ります。当時、日本は鎖国状態でオランダ人以外の西洋人との接触は禁止されていました。またオランダ人と交流できたのも、長崎に住む一部の商人（と遊女たち）だけでした。オランダ人は日本に、当時支配下だったジャワ島のコーヒーを持ち込みます。泰平の世を謳歌した江戸時代、人々の間には熟練した職人技に対する敬愛の念が根付いていました。こうして日本でコーヒーをとりまく新しい文化が発達しはじめたのです。

　　　　明治時代（1868年〜1912年）に起こった急速な産業化によって、コーヒー文化は日本社会の中でその存在を確かなものにしていきます。欧米から突きつけられた好ましからぬ条約によって脅されていた日本の主権を維持するために、日本は急ピッチで富国強兵策を推し進め、国際競争力を上げるひとつの手段として西洋化への一途をたどります。ヨーロッパの服を着て、コーヒーを飲み、戦艦を製造する、といった西洋の慣習を取り入れることが喫緊の課題となっていきました。

　　　　日本のカフェ文化が最初に開花したのは1920年代。第二次世界大戦中、8年間にわたってコーヒーの輸入が禁止されたため一時は下火になりましたが、その後、1940年代後半から1950年の初期にかけてカフェ文化は再興します。今日においても、日本は世界でもっとも細部までこだわる素晴らしいカフェがある国です。コーヒーの抽出からサービスまで、徹底されたカフェがこれほど多くある街を、私は東京、京都、神戸以外に知りません。もちろんほかの国と同様、日本にもひどいカフェがあるにはありますが、多くの素晴らしいカフェが、実に謙虚で、完璧な姿勢で、卓越したクオリティを提供しているのです。

　　　　私にとって日本の中で「最高のカフェ」は、年季の入った、古風で、時代を感じさせる店で、アメリカの古いカフェとは違います。エスプレッソマシンはなく、大きなヤカンを火にかけるための数台のコンロ以外は、ほとんど器具は見当たりません。顧客層は主に50代から60代。男性客はジャケットかカーディガンを着ていて、嫌味のかけらもありません。ステレオからは静かなクラシックが流れ、店内の家具からは顧客同様、暗くて寡黙な雰囲気が漂い、威厳があります。素晴らしいカフェの多くは脇道や、ビルの2階にあるので、外国人にはなかなか見つけることができません。また、看板やメニューが日本語のみなので、私たちが理解するにはひと苦労です。

　　　　「茶亭 羽當（はとう）」はまさにそんな場所で、私が世界でもっとも気に入っているカフェの1つです。場所はこれほどに美しく上品な店があるとは思いもしないような東京の渋谷駅近く。駅の周辺はおしゃれな若者向けの店や家電量販店、パチンコ店、ラーメン店がひしめき合っています。それに世界一稼いでいるコーヒーショップと噂のスターバックスもあります。しかしほんの2〜3ブロック離れると喧騒は少し収まります。もし運良く見つけることができて、店が開いていたなら（この種のカフェは私たち西海岸の人間からするとやや不思議な、午前11時から午後11時という時間帯で営業しています）、この完璧な静寂に包まれた世界の一角に足を踏み入れてみてください。まだ十数回しか行っていませんが、ここでの体験

は、私にコーヒーを淹れる、飲むという所作を極めようとするうえで、計り知れない影響を与えています。ブルーボトルで働いているとき、私は毎日、「茶亭 羽當」のことを考えています。

「茶亭 羽當」へ行くたびに、高揚感と落胆の織り交ざった気持ちでいっぱいになり、心身ともに疲れます。他に類を見ない、そして必要以上と思われるレベルの徹底したクオリティを目の当たりにすると、非常に刺激を受けます。そして、これほどまでに洗練された完璧な体験を私も生み出したいと切望する一方で、私の頭脳と努力では到底無理だと思い至るゆえに、意気消沈してしまうのです。

最初の関門は入店です。

店に入ると漠然とした空気に包まれます。席に座るべきか、「お座りください」と言われるまで待つべきか？　私が思うに従業員たちは、この店に入ってきた外国人は、道に迷ったか、または行きたかった場所にたどり着けずガッカリしているかのどちらかだと思っているように見えます。ですから彼らは、本人に状況を理解してもらうために数秒ほど時間を与えるふしがあります。そして、ケイトリンと私が迷子になったわけではなく、「コーヒーを飲みたくて来たのだ」ということがわかると、席に座るように身振りで促してくれます。店内にはいくつかのテーブルと、12席ほどのバーカウンターがあり、私たちは懸命に目で「バーに通してください」と訴えます。

バーの後ろの壁には優雅な陶磁器のカップがいくつも並んでいます。ロイヤルドルトン（Royal Doulton）、ウェッジウッド（Wedgwood）、日本のブランドものなど、さまざまな色や柄のものがあり、圧巻の配列です。中にはダイアナ妃の結婚式記念や、ビートルズが東京でラストコンサートを行ったときの記念カップなどもあります。また、60㎖から240㎖のものまでサイズもさまざまです。

日本語のメニューを手渡されたところで私たちにできることといえば、コーヒーの産地を大声で言うくらいです。「マンデリン？」「エチオピア？」「タンザニア？」それから抽出方法も伝えようと試みます。「ペーパードリップ？」「デミタスカップ？」。「茶亭 羽當」でデミタスカップとはネルドリップを意味します。ネルドリップとはワイヤーから下がるフランネルの生地でできた袋からろ過したコーヒーのことです。この方法で抽出されたコーヒーには、並外れた濃厚さと、宝石細工のような繊細な甘さが感じられます。極めて低い温度のお湯を少量使用し、淹れるにはとてつもない手間とスキルが必要です（詳しくはp.88参照）。

価格はメニューに載っていますが、あまり考えないほうがいいかもしれません。なにせ1杯15ドル以上するものまであります。東京は物価が高い街です。自販機の缶コーヒーに1ドルかかります。そう考えれば、「人生を変える1杯」が15ドルとはお値打ちです。そして忘れてはならないのがケーキです。東京は毎日午後2時頃になると、ケーキとコーヒーを出すケーキ屋とカフェの激戦区と化します。「茶亭 羽當」はシフォンケーキが有名なので、私たちは意味が通じることを願いつつ、指で差してオーダーします。

なんとかオーダーを伝えると、マスターは長い間私たちを観察し、くるりと振り返ると、背面に並ぶ陶磁器のカップを見渡します。「どのカップがよいだろうか？　このカップの中で、今、このお客様にコーヒーを出すなら、どれが一番ふさわしいだろう？」。彼の仕草はそう語っているように見えます。じっくりと時間をかけて選び、ついに彼がカップに手を伸ばすと、私たちはホッとひと安心します。カップ選びに満足した様子のマスターは、早速仕事にかかります。バーの後ろにはグラインダーとコーヒーが、

フロントバーにはコーヒーの抽出器具が並んでいます。マスターは少しの間、竹の棒でネルのフィルターを手入れします。挽いた豆を入れるときに正しい形状にするため、内側を膨らませるのです。コーヒースクープで豆をとり、ビンテージのフジローヤル製の電動グラインダーで挽きます。このグラインダーは挽いている間、モーターの摩擦でコーヒーが熱くならないような設計になっています。

非常に粗く挽かれた豆を、一見、間に合わせで作ったような変わった形のワイヤースタンドに置かれたネルの袋の中に入れます。とにかく大量のコーヒー粉です！ 比率は4：1くらいでしょうか。マスターはコンロの上でグツグツと音を立てる大きなヤカンから細口のケトルにお湯を入れ替えます。計測器は見当たりませんが、プロとしてお客にコーヒーを出す以前から、すでに多くの時間をはかりと温度計と過ごしたのでしょう。明らかに正しい分量を体で覚えています。

マスターがお湯を注ぎはじめます。ケトルから注がれるお湯に、彼のテクニックとコーヒーに対する情熱が見て取れます。彼はゆっくり、整然とお湯を注ぎながらコーヒーの表面をなでるように、25セント硬貨ほどの大きさの円を描きます。驚くほどゆっくりと、お湯が注がれていきます。一定の早さで注がれるというより、まるで細口の注ぎ口からとても小さい真珠玉のネックレスが滑り出るように、一粒一粒しっかりした球形のしずくが注がれていくのです。ネルの中で跳ねないようにスピードは厳しくコントロールされ、コーヒー粉を打つときにかすかな音を立てながら、完璧な湯の粒のつながりが落ち続けていきます。1、2分過ぎて、私たちは不思議なことに気がつきます。なんとネルの下にカップがないのです！ いつコーヒーの液体がカウンターに落ちてもおかしくない状況ですが、もちろんマスターは正確に、ネルの中の粉がどれくらいの湯量を蓄えることができるか知っているわけです。コーヒーがネルから滴り落ちる数秒前に、カップをネルの下に滑らせます。見せずにはいられない、それでいてなお慎ましやかな職人芸の披露は、彼が仕事に求める密かな楽しみなのでしょうか。

約90mlのデミタスカップが満ちるまで、彼はこの動作をもう数分続けます。そして、私の前にカップが置かれます。持ち手は必ず私の右側に来るようセットされ、左側にはミルクが入ったドールハウスのように小さなピッチャーと砂糖壺、そしてとても小さなティースプーンが、小さなソーサーの上に置かれて出てきます。しかしもちろん、ミルクや砂糖を使おうという気持ちが心をよぎることはありません。適度な硬さになるよう数分前に切って冷蔵庫に入れられていたシフォンケーキは、私の右側に置かれています。私は「茶亭 羽當」に行くたびに、実は毎回不安になるのです。「今日飲むコーヒーは私の記憶にあるほど素晴らしいものではないのではないか？ あれから時は過ぎ、私は日本式のコーヒーを頭の中で神格化しすぎていて、もはやこのコーヒーは私の期待に応えるものではないのではないだろうか？」と。もちろん答えはノーです。最初のひとくちを飲めば、毎回、安心するのです。

何口か飲んだあとに、周りを見回してみます。バーの端では若手の従業員が平たいトレイの上に焙煎したコーヒー豆を平たくならしています。彼はすべての豆を注意深く、懐疑的に観察しながら、彼の規格に合わないものを選別しています。トレイ1枚につき、だいたい680gほどの豆でしょうか。「茶亭 羽當」は自家焙煎をせず、複数のサプライヤーを使用しています。豆によっては、50粒くらい、あるいは半分を棄てることもあるそうです。この作業は彼らの大事なサイドワークです。

反対側の端では、若い女性がシフォンケーキをチョコレートガナッシュのようなもので完璧にフロスティング（卵白やバタークリームなどに砂糖を加えたクリームを塗ること）しています。私の自慢の妻

は類い稀なるヘラ使いの名手ですが、その彼女でさえ、はじめてシフォンケーキがフロスティングされる様子を目にしたときは、魔法にかかったようにうっとりと見つめていました。シフォンケーキは円筒型なので、中央には小さな穴があります。フロスティングが完成に近づくと、私たちの期待は高まります。「彼女は穴の中までフロスティングするのだろうか？」と。その若い女性は小さなヘラを手に取り、そして……やはり！　小さな穴の内側にも見事にフロスティングをしたのです。「茶亭 羽當」でコーヒーを楽しむとは、こういうことです。1粒1粒の豆は厳選され、1つ1つのケーキは隙間なくフロスティングされています。そしてすべてのコーヒーは理想的な状態で、完璧な体験として提供されるべきものと考えられているのです。

ネルドリップコーヒー
Nel Drip Coffee

日本では、フランネルのフィルター（略してネル）で淹れるコーヒーに長い歴史があり、それは1920年まで遡ります。現在の日本では、古めかしくて昔ながらの淹れ方と思われているかもしれませんが、嬉しいことに近年アメリカでは徐々に人気が出てきています。

　　日本にもアメリカにも、さまざまなネルドリップのスタイルがあります。ブルーボトルでは、世界でもっとも繊細で洗練された、インスピレーション溢れるカフェの1つである「茶亭 羽當」（p.84参照）に私が何度も通って話を聞き、ノートに書き留めた彼らの抽出方法を基にしています。

　　私が最初にネルドリップで淹れたコーヒーを飲んだのは銀座にある「カフェ・ド・ランブル」でした。コーヒーは1mlごとに職人技が感じられる抽出方法で、あまりにも丁寧に淹れられ、私は困ってしまうほどでした。ところが一度飲んでみると、「複雑で衝撃的、そしてとまどうほどのとろみがあり、今までの人生でこんなコーヒーを一度も飲んだことがない」と挫折感を味わうと同時に、自分に怒りすら覚えたほどです。今までこのコーヒーを知らなかったとは何事だ!?　と。

　　ネルドリップは、約80℃の低めのお湯、ゆっくりとした抽出、エイジングコーヒーと呼ばれる焙煎後に寝かせた豆、粗めの挽き具合、そして高い抽出比率が特徴です。私にとってネルドリップの魔力はその舌触りにあります。ネルで見事に抽出されたコーヒーは光り輝いていて、ふくよかです。いわば強さを取り除いたエスプレッソ、そしてフレンチプレスより濃厚ながらもザラッとした舌触りはなく、トロッとしているけれどしつこくない。アフターテイスト（後味）はエスプレッソを飲んだときよりも短く、強烈です。アメリカの専門家の多くはこの抽出方法を「誤っている」と考えています。なぜなら、お湯の温度が低すぎるし、コーヒー粉の比率が湯の量に対して圧倒的に高く、さらに豆の挽き具合が粗すぎるというのが理由です。しかしこのあえて未熟とも言える抽出方法を選択することで、従来の抽出方法では得られなかった、驚くほど広がりのあるフレーバーが得られるのです。正しく淹れることができれば、カカオニブス（カカオ豆を軽く培ってから砕いたもの）、シロップ漬けのみかん、トマトコンフィなど、ほかの抽出方法では得られないフレーバーをコーヒーから引き出すことができます。きちんと丁寧にネルドリップで抽出されたコーヒーは、希少な宝物のようです。浅煎りのあっさりとしたコーヒーは焙煎後、数日寝かせてからネルドリップで抽出するのがベストでしょう。私たちはインドネシアとブラジルのコーヒーを中煎り〜深煎りに仕上げて、焙煎後3〜4日から最長3〜4週間まで寝かせたうえで使っています。中南米やアフリカの浅煎りのコーヒーは焙煎後10日、もしくはそれ以上寝かせると旨味が増します。この方法で、焙煎後6週間の豆を使って忘れがたいほど美味しいコーヒーを淹れたこともあります。6週間というのは、今まで試してきた他の抽出方法では考えられない長さです。

　　私たちはネルドリップが作り出す、濃厚で甘く、マデイラワインのような口当たりに魅せられています。アポローン神のようなネルドリップは、ブレがなく、しっかりと構築されている理にかなった淹れ方です。それに比べて、私たちのもうひとつのお気に入りの抽出法であるディオニューソス神のようなサイフォンは、変幻自在。ワイルドで、極めて優美な抽出法です（詳しくはp.95参照）。ネルドリップのテクニックは言葉で表現しづらいところがありますので、はじめのうちはとにかく練習を重ねて、失敗もい

とわぬ覚悟で臨んでください。

準備するもの
・ネルドリップフィルター
・柔らかい毛のブラシ
・布巾
・コーヒー豆（焙煎から1〜3週間経過したものが理想）
・はかり
・グラインダー
・竹ヘラ、パレットナイフもしくはバターナイフ
・200mlの良質な水
・サーモカップルまたはその他の温度計
・スワンネックのケトル
・タイマー
・カラフェ

新品のネルを買ったら、ワイヤーから外して、沸騰した湯に漬け、5分から10分鍋で煮ます。お湯から注意深く取り出し、専用に購入したきれいなブラシでブラッシングします。もしすでにネルをお持ちの場合は保存容器から取り出してください。

お湯を沸かして、コーヒー豆を40gから50gほど用意し、グラインダーで粗挽きします（フレンチプレスよりも粗挽き）。コーヒー粉をさわったときにザラつきが指にしっかり感じられる程度です。眼鏡をかけなくても1粒1粒の大きさがしっかりと識別できるくらいの大きさをイメージしてください。

湿ったネルの底を2本の指でつまみ、やさしく360°から560°ほど回転させて残っている水分を絞ります。さらに、きれいな布巾にワイヤーとネルを挟んで軽く叩き、残った水気を取り除きましょう。最終的に、少し温かく湿った程度のネルになるよう仕上げます。縫い目は外側に出してください。

挽いたコーヒーをネルの袋に軽く盛るように入れてください。決して詰めるように押し込まないでください。

竹のヘラもしくはパレットナイフ、もしくはバターナイフを取り出してコーヒーとネルの間に軽く滑り込ませるように"手入れ"します。

ヘラをネルの底まで押し入れ、ノコギリのようにヘラを上下に動かしながらネルの周りに沿ってぐるりと一周させます。次にヘラで表面にへこみを入れます。直径は5セント硬貨（約20mm）ほどで、深さ

は画鋲くらいです。

ネルの側面がカラフェに接触しないように、カラフェの上にネルをセットします。ネルとカラフェをはかりの上に置き、数値をゼロに戻します。そして、ネルの横にタイマーを準備してください。

　　スワンネックのケトルに湯を注ぎ、79℃になるまで待ちます。お気づきの通り、非常に低い温度です。

　　タイマーをスタートさせ、先ほど作った5セント硬貨大のくぼみの周りにお湯をポタポタと注ぎます。もちろん時計回りです。コーヒーにお湯が完全に行き渡らなくても心配ご無用。時間と毛細管現象の原則に任せれば、自然と浸透します。約45㎖のお湯をおよそ45秒から60秒の間で注ぎます。動作をいったん止め、45秒間置きます。コーヒーに動きが出て、上向きに膨らんでくるはずです。

　　45秒経ったら、さらにお湯を80㎖注ぎます。先ほどと同様のやり方で、ただしわずかに早いペースで、60秒から80秒の間に注ぎます。するとブラウンマッシュルームのような大きさ、形、色の盛り上がりができるはずです。膨らんだマッシュルームをネルの中心に保つようにしてください。このまま20秒置きます。

　　次の60㎖をさらに速いペースで注ぎます。約30秒です。

　　結果的に、185㎖のお湯を3分20秒から4分弱近くかけて注ぐことになります。およそ100㎖のコーヒー液がカラフェに落ち、残りはネルの中のコーヒー粉に吸収されて留まっています。すべてのコーヒー液がカラフェに落ちる前に、カラフェからネルを取り除いてください。

　　コーヒーを味わうには温度が低すぎる可能性もあります。我が盟友、茶亭 羽當ではカップに注ぐ前に小さな銅製の鍋に入れて少し再加熱していました。ブルーボトルでは、再加熱にやや抵抗があるので、代わりにカップを熱湯で温めています。これででき上がりです。

　　ネルドリップフィルターは使用するたびにお湯で流して洗い、両面をもう一度ブラッシングしてください。そして冷水に浸した容器に入れ、フタをせずに冷蔵庫にしまいます。湿ったネルはフリーザーバッグに入れて保存することも可能です。

トラブルシューティング

この方法で美味しいコーヒーを淹れられない場合は、以下の原因が考えられます。

- お湯の温度が高すぎる
- 挽きが細かすぎる
- 抽出時間が長すぎる
- 焙煎からあまり日が経っていない豆を使用している
- ネルのケアが正しくない
  （汚れがある、乾いている、カビが生えている、など）

日本のコーヒー器具
JAPAN'S COFFEE TOOLS

近年アメリカで発展を見せている新しいコーヒー文化は私たちが独自に築いたものですが、シングルオリジンコーヒーの特性を活かしたハンドドリップの技術は、過去60年にわたって日本人が得意としてきたものです。アメリカでこの技術を習得しようと努力している人は、私たちも含め、ある人に感謝しなければなりません。UCC上島珈琲の缶コーヒー営業マン、ジェイ・エガミ氏です。

　ジェイに会ったのは2003年の冬。私はサンフランシスコのフェリービルディングで開催されていたファーマーズマーケットでブルーボトルのカートを出店していて、彼は列に並んだお客さんの1人でした。そして私の作ったカプチーノを飲んだあと、ジェイは私に1枚の名刺を差し出したのです。名刺にはサンフランシスコに拠点を置くUCCアメリカのメンバーであることが書かれており、彼は私に「焙煎所を見せてほしい」と言いました。当時、私の焙煎所は、まだオークランドの小さな倉庫に過ぎませんでした。ジェイは営業マンなので、ある意味、私に会うということは仕事の一環だったのかもしれませんが、それでも私は、彼が私の目指していることを理解してくれているとわかりました。それで私たちはすぐに友達になったのです。

　何年も時間をかけてジェイを知っていくことは、まるで通信教育で「日本式コーヒー入門」を受講しているようでした。私は2002年のブルーボトル創業以来、ポアオーバーによるコーヒーの抽出を行っていますが、常に自分のコーヒー作りを改善し洗練させたいという思いがあります。長年にわたってジェイにさまざまな質問をするたびに、彼はUCCコーヒーアカデミーの抽出比率や抽出時間のデータを参照しながら答えてくれました。そして世界を飛び回るジェイのコーヒーやカフェに対する熱意から、彼は私が知る誰よりも多くのカフェを訪ねていると感じました。世界中のカフェに対するジェイの飽くなき探究心と見識は、私にとって最良の手本であり、私の視野を広げてくれたのです。

　2005年の1月にブルーボトルの第一号店を開業したとき、バリスタの面からも焙煎の面からも優先していたのはエスプレッソでした。ポアオーバーはファーマーズマーケット時代と変わらないやり方で作っていました。味は良かったので人気の商品でしたが、どこか繊細さに欠ける部分があったので、いつも、ポアオーバーをどう改善するかに心を砕いていました。

　ジェイが私にはじめてボンマックのカタログを手渡したのは2006年のことです。ボンマックはUCCの子会社のブランドで、日本中のカフェに抽出器具を供給しています。その機材の素晴らしさといったら！　多種多彩なドリッパー、スワンネックのケトル、サイフォン、サイフォンバー、ケナフや竹製のペーパーフィルター、ネルドリップキットから、まるで"大きな古時計"のような不可思議なアイスコーヒー用のドリッパーまで。19歳の頃、私がはじめて東京を訪れたときから気になっていたサイフォンとサイフォンライトを見つけたのは言うまでもありません。当時ジェイはそれらの美しい日本製品を輸入できる数少ないアメリカ人の1人でした。2007年頃から私は日本の抽出器具と技術を多く取り入れるように方向転換し、2008年のミントプラザ店のオープン時には、ついにサイフォンを導入しました。

　今やジェイのもとにはアメリカ中から電話がかかってきます。ポアオーバースタンドや、ハリオの製品を販売する店の話を耳にするたび、私はその裏でジェイが陰の立役者となっていることを知っていました。現在は日本製品の輸入業者がいくつかありますが、ジェイ・エガミほどの影響力と知識を備えた人間はいません。

サイフォンまでの道のりとミントプラザ店
THE ROAD TO SIPHON COFFEE AND THE MINT PLAZA CAFE

サイフォンコーヒーは1840年代にフランスの主婦とスコットランドの船舶技師によって、ほぼ同時期に発明されました。数十年の間、さまざまな改良が重ねられましたが、水蒸気の膨張を利用し、水はしっかり熱せられると沸騰するという、物理学に基づく構造の基本原則は変わっていません。

　サイフォンコーヒーはもっともドラマティックな抽出方法かもしれません。日本式にビームヒーターで淹れていると、バリスタたちの姿はザ・ロケッツのラインダンスさながらの美しさです。ブルーボトルでは2008年に全米で初となる、日本式のサイフォンバーをサンフランシスコのミントプラザ店に導入しました。そこでは熱意に溢れたサイフォンバリスタが、季節によって変わる3種類のシングルオリジンコーヒーを提供しています。私は冗談で、サイフォンバーのオープニングスタッフをトレーニングしているときに、「サイフォニスタ」と呼んでいたのですが、その名前がそのまま定着し（p.124で紹介するジブラルタルのエピソードから何も学んでいなかったわけです）、なんと今では世界中で使われています。

　すでに述べたように、私たちの最初の店舗は2005年1月にオープンしたリンデンストリートにあるキオスクでした。サンフランシスコ市内の外れにある、特殊な街ながら昨今は急速に高級化しているヘイズバレーで、ガレージに隣接した路地の行き止まりに構えた店舗です。当時は、面白半分のアートインスタレーションのように好奇心だけではじめ、かろうじて1日200ドル稼ぐ店でした。しかし私たちはコーヒー作りに命を懸けていましたから、キオスクは徐々に近所の人たちから認知されるようになりました。やがてコーヒーを求めて違う街からも人が訪ねてくるようになり、すぐにファーマーズマーケットと同じく長蛇の列ができるようになりました。

　2006年の中頃、リンデンストリートのキオスクのような店構えではなく、雨が降ってもお客様を

守ることができる屋根つきのカフェを開きたいと、物件を見て回っていたところ、偶然サンフランシスコ市内のプロビデントローンビルディング（Provident Loan Building）を見つけました。1906年のサンフランシスコ大地震に耐えた壮麗な空きビル、オールドミント（Old Mint）のすぐ裏側です。1912年に建てられたプロビデントローンビルディングには、長らく"担保貸し"の団体が入居していました。質屋とは言わないでください。私たちのお店はその建物の後ろに位置する、またもやニオイのこもる脇道にあります。ですがこの建物の美しさといったら！　5.2mの高い天井に、建造当時から100年近く続くオリジナルの内装、そして北向きの窓から差し込む柔らかな光、そのすべてが調和した開放的な空間でした。垂直にそびえる優雅な空間は、サイフォンでコーヒーを淹れるにはうってつけの場所のように思えたのです。

　そこはサンフランシスコ市内の物騒な地区からほんの1ブロックしか離れていないうえ、人通りがほとんどなく、一番近い大通りからもまったく見えない場所です。しかし「素晴らしい建物とサイフォンコーヒーとトーストがあれば、やり手のビジネスマンが逃げ出すような悪条件の立地も克服できるだろう」という甘い考えで、無邪気に賃貸契約にサインしました。サイフォンコーヒーにぴったりの美しいロケーションを確保したところで、次に必要なのはジェイ・エガミのサポートです。店舗がまだでき上がっていなかったので本人をその場へ連れて行く気にはなれず、代わりに建物の写真を見せ、サイフォンコーヒーやビンテージのエスプレッソマシンで淹れたシングルオリジンエスプレッソ、そしてシンプルな自家製ブレックファーストとランチを提供するというお店のコンセプトについて話しました。

　驚いたことに私に共感したジェイは、すぐにサイフォンバーを注文すると言ってくれました。できるだけ練習時間を長くとる必要があったのです。その時点では、上手く行くかどうか確信が持てず、あまりたくさんの人にその計画を話したくはありませんでした。唯一できるのは、高額な小切手を切って待つことのみだったのです。

　商品が届くと、ジェイがトラックから大きな箱を下ろし、焙煎所のカウンターで器材を組み立てま

した。その機械はまるで、ジュール・ベルヌのSF『海底二万里』に登場する、潜水艦ノーチラス号から持ってきた部品でした。船窓のような真鍮バーナーが5つ、それは90秒で300mlのお湯を沸かせるもので、強力なレッドアンバー色のライトがついています。また、日本語表記だけのボタンがたくさん並んだ冨士のタッチパッド、そして秒読みのタイマー。ジェイから買う器具は、いつも期待通り細部にまでこだわった職人技が光っています。これで私はミントプラザのネモ艦長です。オルガンを奏でる代わりに、サイフォンでコーヒーを作るのです！

サイフォンは焙煎所に保管し、焙煎所が稼働している間は埃を被らないように布を掛けました。日曜日の午後は焙煎がなく、人もまったくいないので、私は密かに新しいサイフォンとともに、いっときの平和と静寂に浸ることができました。1杯目を味見し、喜びに満ちた深いため息を漏らし、また次の素晴らしい1杯を淹れる……。そんな絶品のコーヒーを次々と作り出す姿を想像してみます。そして早速、はじめてのサイフォンコーヒーを淹れてみました。ガラスのサイフォンの上部であるロートの中で、ヘラを使ってコーヒーをかき混ぜるのに手こずり、お湯が回転する速さもやや遅めです。しかしライトのなんと華麗なことか！

記念すべきサイフォンデビューのために特別にとっておいた、素晴らしいウォッシュドのエチオピアのコーヒーを淹れたあと、香りを深く吸い込んでみました。このアロマはまるで……ダイナー（安食堂）のコーヒーのよう。おかしいなあと思いながら、一口飲むと、味わいは……やはり、ダイナーコーヒーです。再び抽出に挑戦してみたのですが、今度もダイナーのコーヒーに。次はとっておきのブラジルの豆に変えてみました。結果は？　これもダイナーコーヒー。次はドライプロセスのエチオピア豆を試しました。これもまたダイナーコーヒーになってしまったのです。

サイフォンコーヒーの抽出については学ぶことがまだまだ山ほどありました。サイフォンは注意を怠ると、コーヒーがとても熱くなります。つまり私は、どのコーヒーも味がわからなくなるほど熱し、焦がしてしまっていたのです。

日本式のサイフォンコーヒーの抽出方法は、まるで捉えどころがないものです。日本のサイフォニスタは長年のキャリアを持ち、相応の見習い期間の中で、竹製のヘラを使ってコーヒーを焦がさないよう、サイフォンのお湯を慎重に操る方法を学んでいます。日本では全国のサイフォニスタが一堂に会し、最高のサイフォンコーヒーを競い合う競技会が開かれていて、以前、競技会の優勝者を招いて私たちの店でサイフォンコーヒーを淹れてもらったことがあります。本当に貴重な経験で、たくさんの刺激を受けました。

サイフォンロートをかき混ぜる練習を重ね、ついに美味しいコーヒーの作り方を習得しましたが、カフェがオープンするまで、何時間もその練習に費やすことになりました。ミントプラザのカフェで働いているバリスタたちは、長年の修業や見習い期間がなくても美味しいサイフォンコーヒーが作れるようにならなくてはいけません。そのため、最終的には詩的な美しさには欠けるものの、より再現性の高い方法へとレシピを移行せざるを得ませんでした。以下では、サイフォニスタの卵の皆さんに、私たちが行き着いた手法と伝統的な日本式手法の両方をご紹介します。

サイフォンコーヒー
Siphon Coffee

ハリオ TCA-2：1人分 240㎖
ハリオ TCA-3：1.5人分 360㎖

さまざまなメーカーのサイフォンがありますが、以下のレシピはハリオTCA-2もしくはTCA-3向けのものです。基本的な原理は他のメーカーのサイフォンでも同じですが、このレシピはハリオ用なので、それ以外のサイフォンを使用した場合、異なった抽出になるかもしれません。とはいえハリオを使ったとしても、サイフォンでコーヒーを淹れる作業はとても繊細で、出来栄えが常に同じになる保証はありません。

ハリオを含むいくつかのサイフォンには、変性アルコールを燃料とした付属のバーナーがついています。しかし、上質なコーヒーを作るためには、このバーナーでは熱量が足りず、ヤマ（Yama）ブランドなど、ブタンガスを燃料とするブンゼンバーナーがもっとも向いていると私は考えています。ブタンガスのカートリッジはほとんどのホームセンターで取り扱っています。

準備するもの
・サイフォンフィルター
・サイフォンロート
・サイフォンホルダー
・はかり
・コーヒー豆　20〜31g
・コーヒーグラインダー
・サイフォンフラスコ
・良質の水　240㎖（1カップ）
・ブンゼンバーナー
・サーモカップルまたはその他の温度計
・竹製のかき混ぜ用ヘラ

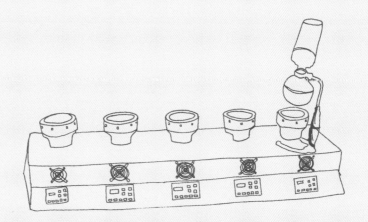

DRINK / 95

アメリカ式での淹れ方

フィルターを温かいお湯に5分ほど浸します。サイフォンロートの真ん中にフィルターを落とし、チェーンを下に引っ張り出してフィルターの位置を固定したら、ロートをホルダーにセットします。

コーヒーを量ります。分量は抽出比率によって異なります（p.73参照）。豆の挽き方は中挽きで、フレンチプレス向けよりもやや細かめにします（p.83参照）。

スタンドにセットされたサイフォンフラスコにお湯を注ぎます。

バーナーに火を点け、その上にフラスコをセットし、すべてのお湯がロートへ上がるのを待ちます。ロートの湯温を測り、87℃で安定するよう火を調節してください。

ロートに、挽いたコーヒーを加えます。ヘラを使い、30秒以内にコーヒー粉の表面をなでるようにして、ゆるやかにコーヒーをお湯の上層になじませていきます。この動きは、非常にきめの細かいトーストに冷たいバターを塗るイメージです。30秒以内にすべてのコーヒーがお湯で湿るようにします。

20〜40秒、コーヒーを抽出します。

ヘラでコーヒーをかき混ぜます。このとき、12回転以内に留めてください。目標はできるだけ少ない回転でもっとも速く深い渦を作り出すことです。

サイフォンからバーナーを引き離したら、火を消すのを忘れないでください。

コーヒーは30〜45秒ほどでフラスコへと下がっていきます。それ以上の時間がかかる場合は、コーヒーの粉が細かすぎます。

ロートを取り外す際には、やさしく前後に揺り動かしながら、ひねったり引いたりしてフラスコから引き出します。洗剤は使わずにフィルターをすすぎ洗いしたら、食器用布巾で拭きます。きれいな状態の湿ったサイフォンフィルターは、ジッパーつきのビニール袋に入れて冷蔵庫で保管できます。もし、サイフォンをめったに使用しない場合は、水と小さじ1/4杯のエスプレッソ用洗剤を入れたフタつきのボウルを用意し、その中にフィルターを入れて保管します。この方法でフィルターを保管する場合、次回サイフォンでコーヒーを淹れるためには、1度コーヒーを作って捨てる必要があります。ロートとフラスコは手洗いしてください。洗浄中は、フラスコをスタンドから外す必要はありません。

日本式での淹れ方

フィルターを温かいお湯に5分ほど浸します。フィルターをロートの真ん中へ落とし、チェーンを下に引き出してフィルターの位置を固定し、ロートをホルダーにセットします。

コーヒーを量ります。分量は抽出比率によって異なります（p.73参照）。豆の挽き方は中挽きで、フレンチプレス向けよりもやや細かめにしてください(p.83参照)。ロートに、挽いたコーヒーを入れます。

スタンドにセットされたフラスコにお湯を注ぎます。

バーナーに火を点け、その上にフラスコをセットし、お湯が沸騰するのを待ちます。ロートをセットする際は、まずお湯の温度を確認するために、ロートから垂れたチェーンがお湯に触れるようにしましょう。すると、チェーンから泡が出てくるのが確認できるでしょう。反応が激しすぎる場合は、フラスコをバーナーから外し、反時計回り方向にゆすって泡を鎮めます。

フラスコを熱したまま、ロートをしっかりと、かつ、すぐあとで取り外す必要があるため、やさし

くセットします。
　　2.5cmのお湯がロートに上がってきたら、かき混ぜ用のヘラを使ってコーヒーの粉をお湯に沈めます。このとき、ついかき回したくなるところですが、ぐっと堪えて端をこすり落とすように粉をお湯の中へ入れましょう。
　　サイフォンを火にかけたまま30秒間静かに置き、反時計回りにかき混ぜはじめます。12回転以内に留めてください。より少ない回転でより速く、深い渦を作ることが目標です（この技術は、コーヒーの粉がない状態でかき混ぜる練習をすることで上達します）。コーヒーの粉を魚の群れだと想像して、離れ離れにならないように導くイメージです。コーヒーの塊をヘラで割らないようにしましょう。
　　サイフォンからバーナーを引き離したら、バーナーの火を消すのを忘れないでください。コーヒーは30〜90秒ほどでフラスコへ落ちていきます。それ以上の時間がかかる場合は、コーヒーの粉が細かすぎます。
　　ロートを取り外すには、やさしく前後に揺り動かしながら、ひねったり引いたりしてフラスコから引き出します。洗剤は使わずにフィルターをすすぎ洗いしたら、前のページの説明の通りに保管してください。ロートとフラスコは手洗いしてください。洗浄中は、フラスコをスタンドから外す必要はありません。

DRINK / 97

トルココーヒー
TURKISH COFFEE

トルココーヒーとは、北アフリカやアラビア半島、そして中東で人気のある抽出方法です。トルココーヒーが作られているすべての国でそう呼ばれているわけではないので、アルメニアやギリシャでオーダーするときは「トルココーヒー」と呼ばないように注意しましょう。しかしながらこの本ではわかりやすくするため、トルココーヒーと呼ぶことにします。また、抽出に使用するポットをトルコでは「ジャズベ」と呼ぶことが一般的なようですが、本書ではアラビア語圏での名称である「イブリック」と呼びます。トルココーヒーは、残念なことにコーヒーオタクの間では好まれていません。しかし、上手に作ると、午後に飲むエスプレッソとはまた違う味わいを楽しむことができます。特に「エスプレッソのように豆の味わいが凝縮されたものを飲むのに、馴染みのないカフェでは心配だ」というとき、トルココーヒーはうってつけです。トルココーヒーはコンロさえあれば、家でも旅先でも仕事場でも簡単に作ることができます。

　器具には、銅もしくは真鍮製のポット、イブリックを使います。細い首と長い柄がついており、細い首の部分は沸き立ちはじめた水蒸気に加圧して、コーヒーを沸騰させずに泡を作ることができます。伝統的に、トルココーヒーは思い切り甘くしてカルダモンのスパイスをしっかり効かせますが、それはお好み次第で。上手に淹れれば実にさまざまな品種のコーヒーの特徴が現れ、砂糖やカルダモンがなくとも十分楽しめます。トルココーヒーは凝縮された刺激の強い飲み物ですので、1人分としては92ml程度が適量でしょう。

　エスプレッソのように、トルココーヒーは豆の種類ではなく淹れ方の手法です。焙煎したてであまり深煎りでなく、抽出の直前に細かいパウダー状に挽いた豆であれば、どんな豆でもOKです。ブルーボトルでは、密度が高いドライプロセスのコーヒー豆をよく使います。アラビアでこのコーヒーがはじめて作られたときは、現在のイエメンにあたる山で採れた、天然のドライプロセス豆が使われていたのではないでしょうか。イブリックは元来、砂の上に熱い炭を用意し、その上に敷いたトレイに置かれていました。砂が均等な熱を供給する役割を果たしていたと思われますが、現代の電気やガスのコンロでも問題なく作れます。

トルココーヒー
Turkish Coffee
1人分の適量は 92㎖

イブリックによって容量が異なります。どのイブリックの場合でも、首がもっとも細くなっている部分のちょうど下くらいまで水を入れてください。そしてその水の分量を量り、8：1の比率でコーヒーの量を割り出します。トルココーヒーは均一でパウダーのような細かさの豆が望ましいため、良いバーグラインダーを使うことが重要なポイントです（p.75参照）。

準備するもの
- 良質の冷たい水
- イブリック
- はかり
- コーヒー豆
- バーグラインダー

イブリックの首がもっとも細くなっている部分のすぐ下まで入れた冷たい水の分量を正確に量ったあと、またイブリックに戻します。コーヒー豆を量り、コーンスターチ（トウモロコシを加工して作ったデンプン）のようなきめ細かさになるまで、極めて細かく挽きます。

水の上に、乾いた状態のコーヒー粉を入れます（かき混ぜないこと）。

イブリックをできるだけ小さなコンロにかけ、中火で熱します。イブリックのサイズにもよりますが、コーヒーは2〜3分で膨らんできます。この段階にくると、コーヒー粉がフタの役割を果たし、その下で発生する蒸気の圧力で煮えてくることが確認できます。泡が出はじめ、沸騰したようになったら、素早くイブリックを火から外してください。

泡が徐々に収まったら、イブリックを再び火にかけ、同様に繰り返します。2度目は、すぐにコーヒーの泡が出てきます。泡が出てきたら、イブリックを火から外します。

もう一度繰り返します。上手くいけば3度目では、コーヒーの表面にしっかりとした泡の層ができるはずです。用意するカップすべてに均等になるように、慎重に泡を注ぎます（お客様全員に泡が行き渡るように溢れることが、伝統的に良いおもてなしの証しとされています）。泡を消さないように注意して、残りのコーヒーをそれぞれのカップの横から滑り込ませるように注ぎます。でき上がったら、すぐに飲みましょう。

泥のようなパウダー状のコーヒーがカップの底に沈んでいますので、最後の数口は飲まないように注意してください。

エスプレッソ
Espresso

トルココーヒーと同じく、エスプレッソは豆や焙煎の種類ではなく、抽出方法の1つで、香り豊かなコーヒーのエッセンスを9気圧で抽出する方法を指します。抽出比はおよそ1.5：1で、30〜40㎖（小さじ6〜8杯）です。どんな品種や焙煎度合いのコーヒー豆でも、エスプレッソ用に使うことができます。しかし、いつも変わりなく丁寧に美味しく作られたエスプレッソは言うなれば芸術で、簡単に習得できるものではありません。ですから、エスプレッソマシンを買いに出かける前に、ごくごくシンプルに、自分自身に問いかけてみてください。「本当に家でエスプレッソを作りたいのか？」と。

家庭用エスプレッソマシンの是非
THE INS AND OUTS OF HOME ESPRESSO MACHINES

スージー・オーマン（訳注：アメリカでもっとも影響力を持つ、ファイナンシャル・プランナー）は間違っています。家庭用エスプレッソマシンを買っても、お金の節約にはならないでしょう。むしろ浪費です。家庭でエスプレッソを作るのは、時間の節約にもなりません。混雑しているお気に入りのカフェに出かけたほうが早いくらいです。好きなカフェからよっぽど離れて住んでいるのでない限り、お店より美味しいエスプレッソを家庭で作れるようなことはそうそうないでしょう。

　　社会学のさまざまな研究によると、人は自己欺瞞の能力を進化させてきたそうです。進化論の観点からすると、自らを欺くことが、種の存続に貢献しているというわけです。自分の本当の動機や欲求を認めてしまうと、生殖能力に悪い影響が出かねないからです。楽観主義、大胆さ、熱意――これらは、自分を正当化する能力が進化した結果生まれた、魅力的な副産物なのです。だから、私たちはエスプレッソマシンのようなものを買ってしまうのです。ごく楽観的に。

　　おそらくあなたは、こんなことを考えているでしょう。

　　　　「もしスターバックスに行くのをやめれば、1年で832ドル節約できる！」
　　　　「もっと美味しいドリンクの作り方をマスターしよう！」
　　　　「行列があんなに長くなければ、電車を逃すこともないのに！」

　　でも、現実はこうです。家庭でエスプレッソを作るのは、お金も時間もかかり大変です。しかし、上達しようともがくことで人は成長します。子育て、大学卒業、マラソン、自分の手で家を建てるなどなど、これらはすべて難しい挑戦ですが、難しいからといって誰かに言われてやめることでもありません。極めて小さな挑戦ではありますが、本当に美味しいエスプレッソ作りは「完璧にはできなくても、努力から得るものがある」ということを教えてくれるでしょう。言い方を変えれば、「エスプレッソを作りたい」と思うこと自体に、そしてそのための時間や投資にはそれだけの価値があります。

　　エスプレッソマシンが、マニア心をかき立てる理由の1つは、比較的シンプルな機械に見えるのに、実際は見た目より複雑だからでしょう。しかし、電子レンジのほうがずっと複雑です。腕時計のほうがずっと難解です。エスプレッソマシンは複雑なだけでなく、セクシーでミステリアス、そして何よりコーヒ

ーを作ることができる利点を持っています。

作り方の手順と器具を理解する
あなたがエスプレッソ入門者なら、これから出てくるエスプレッソマシンや関連事項の多くは、よく意味がわからないかもしれません。そんな人のために、私たちが何を熱心に細かく議論しているのか、まずは基本的な手順を説明しましょう。

- エスプレッソマシンを温める
- コーヒー豆を挽き、ポルタフィルターをゆっくり回転させながら豆を入れる
- コーヒー粉を平らにし、タンパーで押し固める
- ポルタフィルターをグループヘッドに取り付け、固定する
- カップをポルタフィルターの下に置く
- ポンプを起動し、エスプレッソを抽出する

エスプレッソマシンには、ボイラー、ポンプ、グループヘッド（抽出口）、ポルタフィルターという4つの基本パーツがあります。

ボイラー：ボイラーの中には加熱装置があり、水を熱して温度を一定に保ちます。水温が上がってくると、ボイラーの中の圧力が高まり（ボイル・シャルルの法則を思い出してください）、およそ5気圧になります。その結果、嬉しいことに、水は沸騰温度より低い状態で蒸気を作り出すことができるようになります。この蒸気でカプチーノのためのスチームミルクが作れるのです。

ポンプ：ポンプはボイラーからのお湯にさらに圧力を加え、約9気圧まで高めます。この部分は機械的に行われます。ロータリーポンプ、バイブレーションポンプ、レバーポンプなどの種類があります。

グループヘッド（抽出口）：グループヘッドは、ボイラーからポンプを通じて押し上げられたお湯を受け、小さな穴があるポルタフィルターへと均一に送り出します。

ポルタフィルターとフィルターバスケット：ポルタフィルターは挽いた豆を入れるパーツで、多くのエスプレッソマシンに設置されています。ボトムレスのポルタフィルターは、バスケットの下に、注ぎ口や金属の土台がないものです。ブルーボトルでは、マシンから抽出するエスプレッソを目視で確認するため、トレーニング用にボトムレス（p.106参照）を使っています。また、お客様に出すエスプレッソにもボトムレスを使っています。抽出時にエスプレッソができるだけ金属に触れないようにすることで、明らかに濃厚になるのです。

加熱装置、ボイラー、ポンプは美しいステンレススチールのマシンの中に隠れています。外から見えているのは、スチームノズル、ポルタフィルター、グループヘッド、そしていくつかの素敵なスイッチだけです。

エスプレッソ作りにかかるコスト
自宅でエスプレッソを作るために「どれぐらいのお金をかけたいか」考えてみてください。ではそれを2倍にしてください。そこからさらに2倍にする覚悟も必要です。なぜかというと、最高のエスプレッソマシンはヨーロッパ製のもので、非常に高価です（p.108に価格についての議論があります。しかしそれに

付随するコストがたくさんあることも覚えておいてください)。だからといって、安いマシンを買い、扱いが難しくイライラするうえに、大して美味しくないエスプレッソを作るほうがいいか？　さらには、扱いが難しくてイライラするうえに大して美味しくないエスプレッソができる高価なマシンがあるということも覚えておきましょう。熟慮が必要です。では、話を続けましょう。

グラインダーを購入する
BUY A GRINDER FIRST

どんなバリスタも、「エスプレッソ作りにもっとも重要な器具はグラインダーだ」と口を揃えて言います。ですから、まずはグラインダーを買いましょう。

　ところで、コーヒー豆を挽くことによってお湯に触れる表面積が増え、そこからコーヒーのエキスが溶け出して抽出されると前に説明しました。コーヒーがお湯に触れる時間が短ければ短いほど、最適な抽出のために正しい細かさでコーヒー豆を挽くことが重要になります。正しくコーヒー豆が挽けていないと、フィルターの中で抽出不足の部分と過抽出の部分が生じてしまいます。エスプレッソは、高圧力の熱湯を使用し、最短時間でコーヒーを抽出します。そのため他の抽出方法に比べ、グラインダーのよしあしで大きな差が出るのです。

　エスプレッソの豆を挽く際に、粒のサイズを均一にすることが最重要だと考えられがちですが、実際はそうではありません。良質なエスプレッソグラインダーの多くは、小さなパウダーのような粒と大き

な粒が混ざるように、注意深く設計され、それを実現するために組み立てられた刃が使用されています。大きな粒がレンガだとすると、細かい粒はその隙間を埋めるモルタルのような働きをし、圧力がかけられた熱湯に対して適切な抵抗力を発揮します。ほとんどの家庭用グラインダーはフラット刃ですが、一部ではコニカル刃（円錐刃）が使われています。

　一般的にコニカル刃は、交換すると余計に高くつきますが、ふんわりとした口当たりのエスプレッソを作れ、コーヒーの風味を純粋に表現すると言われています。コニカル刃のグラインダーはフラット刃のものに比べて、より高価で回転が遅いものが多いです。どちらのタイプのグラインダーでも、エスプレッソ用に豆を挽くことができます。グラインダーは重たいほうが概してよいとされています（重いということは、モーターが大きく、プラスチックより金属部品が多く用いられている証左です）。フラット刃であれば直径50㎜かそれ以上、コニカル刃であれば直径36㎜かそれ以上で、粒のサイズを細く設定できる機能があるものがよいでしょう。前述した通り、ステップレスグラインダーなら、粒子のサイズも最大限自由に設定できます。

　キッチンカウンターに限られたスペースしかない？　お気の毒さま！　良質なグラインダーは大きく、エスプレッソマシンはそれよりさらに大きいのです。タマネギのみじん切りは、どこか別の場所でやりましょう。

　適正なグラインダーが200ドルや300ドル以下で買えることはまずなく、多くの家庭用機種は700ドルかそれ以上でしょう。良質なブランドとして、マッツァー（Mazzer）、コンパック（Compak）、ランチリオ（Rancilio）、バラッツァ（Baratza）があります。高価なグラインダーを手に入れる利点は、あなたが作るエスプレッソの質が一瞬で見違えるほど向上することです。加えて、良いグラインダーは、最小限のメンテナンスで長持ちします。グラインダーを清潔に保ち、135～180kgのコーヒー豆を挽くごとに刃を交換するだけでいいのです。

　エスプレッソ用のグラインダーを、他の抽出方法にも使おうとは夢にも思わないでください。エスプレッソ用のグラインダーの役割は、エスプレッソ用の豆を挽くこと、それのみです。ダイヤルをエスプレッソ抽出用に合わせるのは難しい作業です。もし頻繁に、例えばエスプレッソからフレンチプレスへと、グラインダーのダイヤルを変更すると、再びエスプレッソに適した設定を取り戻すまでに、おそらく何十杯ものエスプレッソショットを無駄にするでしょう。他のコーヒー用に、比較的手ごろな値段の手動グラインダー（p.75）を購入するのも1つの手です。

エスプレッソマシンの仕組み
THE ANATOMY OF AN ESPRESSO MACHINE

丁寧にチューニングされたエスプレッソマシンのパーツは、組み立てられたマシンからは図り知れないほど美しく、ぴったりとフィットしています。下の分解組立図ではポルタフィルターが示されています。私たちが使っているのはボトムレスという底がないタイプで、バリスタが正確なドーシングと抽出を確認することができます。ポルタフィルターの内側には、穴の開いた金属バスケットがあり、中に入っているコーヒー粉がグループヘッドに面しています。エスプレッソマシンは一般的に、7gのコーヒー粉が入るシングルバスケットと、22gのコーヒー粉が入るダブルバスケットがあります。ブルーボトルではシングルバスケットは使いません。グループヘッドは、ボイラーから3方向バルブを通じて出てくる高圧の熱湯がエスプレッソ豆と接触する、いわば終着点です。

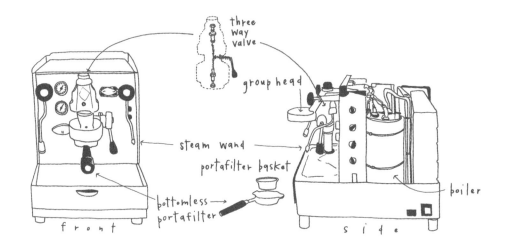

エスプレッソグラインダーの仕組み
THE ANATOMY OF AN ESPRESSO GRINDER

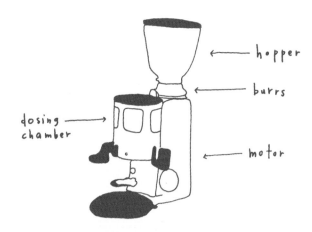

106 / THE BLUE BOTTLE CRAFT OF COFFEE

エスプレッソマシンの種類
TYPES OF ESPRESSO MACHINES

良いエスプレッソ用のグラインダーを選んだら、次はいよいよエスプレッソマシンの購入……だと思うかもしれません。しかし、答えはノーです。

エスプレッソマシンにはいくつかの種類があり、まずはそれらについて学ぶ必要があります。

- スーパーオートマティック
- オートマティック
- セミオートマティック
- マニュアル
- プロフェッショナル

スーパーオートマティックマシン

スーパーオートマティックのマシンは、エスプレッソ作りに必要なすべての手作業をマシンが行ってくれます。コーヒー豆を挽き、フィルターに詰め、タンピング（押し固め）をしてコーヒーを抽出するところまで全部。ミルクをスチームして注いでくれるものさえあります。魅力的に聞こえるでしょう？　あなたの家でロボットのバリスタが、チップを求めることもなく、マキアートボタンを押したら喜んでマキアートを出してくれる、そんなシーンを想像してみてください。家庭用のスーパーオートマティックのマシンは、安い部品が使われていることが多く、それゆえによく壊れます。そして、まったく美味しくないコーヒーをやすやすと作るのです。

オートマティックあるいはシングル・サーブのマシン

カプセルコーヒーを抽出するオートマティックのマシンは、抽出時間が60秒以下で、抽出温度や淹れ方は完全に制御不能です。多くの問題点も抱えているので、願わくは、この話はこれっきりにしたいものです。

セミオートマティックマシン

セミオートマティックのマシンを使えば、美味しいエスプレッソが飲める可能性が出てきます。一般向けのセミオートマティックマシンはポルタフィルター付きで、自分でコーヒーを挽いてドーシング（ポルタフィルターにコーヒー粉を入れる）し、グループヘッドにセットしなければなりません。スチームノズルも付いていて、使用の際はピッチャーに的確な量のミルクを入れる必要があり、温めるための正しいテクニックも求められます。

セミオートマティックの中には、「プロシューマー」というカテゴリーがあります。プロフェッショナルとコンシューマーという2つの言葉を混ぜた響きの悪い造語ですが、つまりは多くのプロ向けエスプレッソマシンの長所を兼ね備えている家庭用マシンを意味します。銅もしくは真鍮の大きなボイラーと58㎜ポルタフィルター、ロータリーポンプのほか、通常前後にしか動かないスチームノズルも360度どの方向にも動く関節式のものが搭載されています。主に重たい金属製の部品を使用しているこれらのマシンは、

DRINK / 107

一般家庭の電源に対応し、水道管を接続する必要もありません。非常に高価ですが、上手に使えば良い性能を発揮し、またもっとも長持ちします。

マニュアルマシン
レバーマシンとも呼ばれており、圧力をかける際にはポンプではなくレバーを用います。確かに見た目はスタイリッシュです。多くのエスプレッソ入門者はラ・パボーニ（La Pavoni）のレバーを憧れの眼差しで見つめ、「自分のキッチンにこんなマシンがあったら、007の映画に出てくる隠れ家みたいでかっこいいな」と想像します。しかし、実用的にはほど遠く、扱いが大変難しい代物です。美味しい飲み物を作れないようにデザインされているスーパーオートマティックのマシンとは違って、美味しいドリンクを作ることは不可能ではありません。ただただ、難しいのです。自分がマシンのポンプの役割を担うことになるので、挽いた豆の粒の大きさ、ドーシング、お湯の供給など、1つ1つの要素が重要になってきます。一般ユーザー向けのマニュアルマシンの多くは、圧力を逃がすための3方向バルブを備えていません。これがない場合、マシンの圧力が落ちるまで、ポルタフィルターを取り外すのを待たなければなりません。さもないと、熱く湿ったコーヒーの粉を全身に浴びるリスクを負うことになります。

　　　　ブルーボトルのいくつかの店舗では、レバーマシンでシングルオリジンのエスプレッソを淹れています。しかし店舗向けのレバーマシンにはバネが搭載されており、多くの家庭向けレバーマシンが下向きに操作して圧力をかけるのとは違って、上向きに操作して抽出の圧力を作り出します。この操作方法は、なかなかのスリルに満ちています。というのは、ポルタフィルターが正しく装着されていない場合、レバーが数百kgの力とともに上へ跳ね上がる可能性があるので、不運にも十分に練習していないバリスタの頭がまずい位置にあると、アゴの骨を折るか脳しんとうを起こす可能性があります。

プロフェッショナルマシン
ブルーボトルで使っているラ・マルゾッコ（La Marzocco）製のプロフェッショナルマシン（p.111参照）は、モンスターのようです。毎回素早く芸術的なエスプレッソを作り出すべく生まれた、真鍮とステンレス製の重厚で巨大な生き物。マシンは220Vで40〜50Aを使い、電源を入れておくだけで毎月数百ドルの電気代がかかります。このマシンの多くは、3グループマシン（3つのポルタフィルターを装備し、同時に3杯のエスプレッソを作ることができる）で、専用のスチームボイラーが内蔵されています。さらに抽出用ボイラーが全体に1つ、もしくは独立して制御できる仕様のボイラーがグループごとに搭載されています。

エスプレッソマシンを選ぶ
CHOOSING AN ESPRESSO MACHINE

極端に聞こえるかもしれませんが、質の良いエスプレッソマシンを選ぶ際の基準のひとつは「重さ」です。重たいマシンはたいてい、軽いマシンよりも高性能です。重いということは、プラスチックよりも金属の部品が多く使われているということ、鋼ではなく銅や真鍮のボイラーが搭載されているということ、大

きなグループヘッドがあり、家庭用ではなく商業用であるということ、などを意味しています。

　そのため、実際マシンを選ぶとなったら（膨大な時間をインターネットに費やすこともできますが）、シンプルなガイドラインを頭に留めておくとよいでしょう。18.1kg以上の重さのセミオートマティックマシンに2000ドル近くを払うこと。これで、ネットの退屈なチャットルームをあちこち読み漁りながら数カ月を費やしたあとに辿り着く答えと同じくらい、賢い選択ができたといえます。

　もしも決め手となる性能を詳しく知りたいなら、チェックすべき機能は次の通りです。商業用サイズの58mmポルタフィルター、ロータリーポンプ、連結式スチームノズル、3方向バルブ、容量355ml以上の銅もしくは真鍮製のボイラー、ボイラーの圧力計。圧力と温度は比例しているため、圧力計によって抽出温度や調整時の温度変化を見ることができます。レバーもボタンも、ポンプのオン／オフを切り替えられます。自動ドーシングは必要ありません。唯一、必要と言える自動機能は、ボイラーや貯水器の水が空になると自動的に加熱を止めるセンサーです。

　もし2000ドルが大金だと思うなら、家の中でひっそりと使われない日々を過ごしているものを思い浮かべてみてください。スタインウェイ（Steinway）のピアノ、バイキング（Viking）のレンジ、キッチンエイド（KitchenAid）のミキサー、バイタミックス（Vitamix）のブレンダー。それに引き替えエスプレッソマシンとグラインダーは、日常的に使えば費やした時間とお金を喜びと美味しさに変えてくれる製品です。もしお財布に余裕があるなら、何も恥じることはないでしょう。

　もちろん、あくまで実用的なエスプレッソマシンを手に入れるということならば、2000ドルも費やす必要はありません。ランチリオ（Rancilio）やガジア（Gaggia）から、700ドル前後とリーズナブルで、重たくてシンプル、かつ大きなボイラーつきの商用ポルタフィルターがついた製品が出ています。良いグラインダーと合わせて使えば、きちんとしたエスプレッソを作れます。

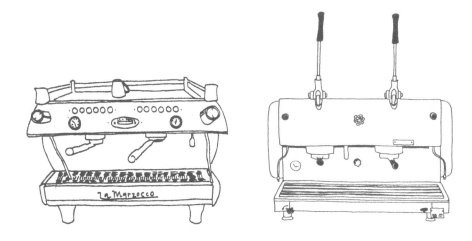

その他に必要なもの
YOU NEED A FEW MORE THINGS

こうしてグラインダーとエスプレッソマシンの準備はできました。これでいよいよエスプレッソを作れるぞ、と思うでしょう？　しかしまだ早いのです。

　　絶対に持っていなければならない道具がいくつかあります。これを割愛しようとする人もいますが、それはまるで良いクルマを買ったのに、節約のために3つしかタイヤを買わないようなものです。準備完了まではあと少し、どんどん進めましょう。掃除道具（次のセクションで触れます）を含めて、以下に必要な備品を挙げます。

- はかり（p.62参照。1つあると焼き菓子作りや料理にも便利）
- エスプレッソマシンのサイズに合ったボトムレスのポルタフィルター
- ダブルバスケットのポルタフィルター
- ストップウォッチ（もしくは携帯のタイマー機能でも可）
- ステンレスのピッチャー（サイズは普段作るドリンク2杯分またはそれ以下）
  （例：180㎖のカプチーノを作るなら、355㎖のピッチャーを用意する。本体は円柱形で、注ぎ口の先が細くなっているタイプを選ぶこと）
- ポルタフィルターのバスケットにぴったり合う金属製の重たいタンパー
  （平らか、わずかに中央部が盛り上がっているもの。いずれにしても、きつすぎずぴったりと内側にはまるサイズを選ぶこと）
- 適切なサイズのカップ
  （エスプレッソ用のカップは、90㎖以下の容量で、保温効果の高い厚みのあるもの。カプチーノ用は180㎖〜210㎖、ラテ用は355㎖以下のものが推奨）

　他にも忘れてはならない、お金をかけるべきものがあります。それはコーヒーとミルクです。はじめてエスプレッソとスチームミルクの作り方を学ぶときは、おそらくでき上がったほとんどを廃棄しなければならないでしょう。毎朝、グラインダーを調整しながら1〜2ショットは捨てることになるはずです。さらにコストがかさみますが、これもエスプレッソ作りに必要なプロセスの一部なのです。

ラ・マルゾッコとイタリアにおけるエスプレッソ
LA MARZOCCO AND ESPRESSO IN ITALY

私たちは常に、コーヒー生産者やブローカー、乳製品メーカー、そして機材の製造会社に至るまで、自分たちが使う製品を作っている人々のことを知りたいと思っています。お店で使っているコンポスト化できる紙カップやフタを製造している台湾の工場を実際に訪ねたことはありませんが、誰がデザインし、誰が作っているのかは知っています。イタリアのフィレンツェから30km離れたところにあるエスプレッソマシン製造会社、ラ・マルゾッコの人々についても同様です。

ブルーボトルでは、店舗で使用する何十台ものエスプレッソマシンをラ・マルゾッコから購入しており、長年にわたって取引をしてきました。それでケイトリンと私は工場を訪問しようと決めたのです。ラ・マルゾッコは年間3500台のエスプレッソマシンを製造しています。私たちにとってはフェラーリ（Ferrari）の工場へ行くも同然でした。工場に一歩入るや否や、高価で、機能的で、なめらかな曲線が美しく、ずば抜けて素晴らしいものがそこで作られているのを感じることができます。R&Dラボを訪れた際、創業者の息子で78歳のピエロ・バンビがシンクを磨いていました。彼と何人かの仲間たちはマシンに向かって作業をしており、皆忙しそうに掃除をしていました。ピエロがストラーダMP（Strada MP）で振る舞ってくれたエスプレッソは、私たちがイタリアで飲んだ中でも特に美味しいコーヒーでした。

ピエロが腰を折り曲げてシンクに向かっている姿は、企業のすべてをそのまま物語っています。ピエロの父、ジュセッペは、ブリキ職人の祖父の店で見習いをはじめました。自分は根っからの職人であると常に思っていたジュセッペと彼の兄弟ブルーノが1927年に創業したラ・マルゾッコは、現在もデザインとテクノロジーの最先端を担う存在です。名前は、最初の所在地であったフィレンツェの象徴であるライオンからとったもの。フィレンツェの職人の伝統にならい、同社は当時から今も変わらずマシンを手作りしています。

最初のエスプレッソマシンは、19世紀末に誕生しました。しかしイタリアにおいて、バーでコーヒーが飲めるようになるのは、数十年後のことです。初期のマシンは縦置きのボイラー式で、ミルクを温めエスプレッソを作るための蛇口がついていました。電気式、ガス式、そしてボイラーの下に炭の引き出しがある炭火式のものまでありました。バリスタはちょうど良いタイミングで炭を足し、ボイラーの温度を管理することまでしていました。初期のマシンが驚くほど操作が難しかったことは、想像に難くありません。

1939年、バンビ家はマルス（Marus）という、はじめての水平型ボイラーの特許を取りました。バリスタは複数のコーヒーを一度に作れるようになり、エスプレッソマシンのデザインを大きく変えたのです。同社によると、戦争中に多くのエスプレッソマシンは熔解されてしまったため、マルスのサンプルはすべて失われてし

フィレンツェ近郊の本社工場で職人の手によって組み立てられるラ・マルゾッコのマシン。

DRINK / 111

まいました。しかし、オリジナルの特許のコピーは現存しています。

　戦後、エスプレッソは絶頂期を迎えました。ラ・マルゾッコはデザインの工夫を続け、ミッドセンチュリーの美学をまとった奇跡のように美しい製品を生み出していきます。1970年に同社は、スチームミルク用とエスプレッソ専用のデュアルボイラーを採用し、温度を一定に保つことができるようになった革新的なGSシリーズを発表しました。

　近年、ラ・マルゾッコは、エスプレッソ抽出をより正確に行える、初のPIDコントローラーつきボイラーを開発しました。PIDとは比例・積分・微分を意味し、温度管理法を極めて数学的に表現したものです。これにより、抽出用ボイラーの温度を0.06℃単位で管理できます。エスプレッソのボイラーは、一般にサーモスタットで温度管理されていますが、2.2℃までの温度変化では反応しない"デッドバンド"という温度帯が存在します。ブルーボトルは、シアトルにある「エスプレッソ ヴィヴァーチェ」(Espresso Vivace)に次いで、PID搭載のラ・マルゾッコを導入したアメリカで2つ目のロースターです。

　2009年に、より広い敷地とより良い環境を求めてフィレンツェ郊外に本社を移したラ・マルゾッコは、依然エスプレッソ作りのテクノロジーで最先端を行く存在ですが、不思議なことに大半のマシンはアメリカ、日本、ヨーロッパなど、海外へ輸出されています。高級コーヒー業界では、イタリアのコーヒーの品質に対する不満を頻繁に耳にします。ラ・マルゾッコの工場内でもそれは同じでした。

　イタリアでコーヒーの品質が低下したのは、主に2つの原因があるとされています。国の法律により、エスプレッソ1杯の価格が1ユーロ前後と定められており、高品質の生豆を追求したり、1ショットに7g以上の豆を使うことに利益が見込めないというのが1つの原因。もう1つ、大半のカフェでは、エスプレッソマシンは大きな焙煎所から支給されており、メンテナンスも完備。結果としてコーヒーカルチャーそのものが変化せず、均質化していることが挙げられます。多くの顧客が高いドリンクではなく、シングルのエスプレッソをオーダーするため、カフェの利益はいかに日中、多くのエスプレッソを作り、夜は多くのカクテルを売るかにかかっています。旅の途中、ケイトリンと私はフィレンツェ、ボローニャ、そしてベネチアでシングルオリジンコーヒーや上質なマシンを使っている店を探してみました。数軒は見つかりましたが、想像をはるかに下回る数でした。

　現在のイタリアのコーヒーを巡る状況について、しばしば評論家が見落としているのは、イタリアが何をやり遂げたかです。イタリアにあるほとんどのカフェで出されるコーヒーは、最悪でも「まあまあ悪くない」と評価でき、最高ならすごく美味しいものが味わえます。これは、ちょっとやそっとの褒め言葉ではありません。世界の他の場所ではありえない、輝かしい功績です。イタリアを離れるとき、フィレンツェの空港でエスプレッソをオーダーし、その後に到着したフランクフルト空港でもエスプレッソをオーダーしました。どちらもイリー (illy) のコーヒーで、同じラ・チンバリ（La Cimbali）のマシンを使っていました。フィレンツェのエスプレッソは十分に楽しめる美味しさで、目立つ欠点がないものでしたが、フランクフルトのはひどい味でした。たった45分のフライトで、世界はこんなにも違ってしまうのです。

　イタリアでプロ意識を持ってコーヒーを次々と淹れているカフェや、お年寄りの女性たちがショッピングバッグを床に置いてエスプレッソを飲んでいる様子を見て、私は胸が高鳴りました。長い伝統ゆえに、お客様たちは注文の仕方やカフェでの振る舞い方を知っているのです。アメリカでそれを真似することはできませんが、彼らから学ぶことが山ほどあるでしょう。たとえイタリアのカフェが、アメリカのいくつかの店が掲げているほどの高みを目指していないとしても。

　世界の高級コーヒー市場のニーズに対するラ・マルゾッコの対応は注目に値します。彼らは、たとえイタリア国内では関心を持ってもらえなかったとしても、テクノロジーがコーヒーをどこまで高みに導くかを証明したいのです。オーナー陣にアメリカ人が加わっていることや、アメリカで上質なコーヒーを扱うコミュニティと深いつながりを持っていることもその理由の一部でしょうが、ピエロ・バンビ自身が体現する創造性と職人技の伝統が、何よりラ・マルゾッコを支えているのです。

エスプレッソマシンのクリーニング
CLEANING YOUR ESPRESSO MACHINE

古いコーヒーは味も香りも悪いものです。そのため、マシンに溜まっている古いコーヒーはすべて取り除いて捨てなければなりません。掃除をするためにはエスプレッソマシン用の洗剤とブラシが必要です。もしマシンに3方向バルブがある場合は、25〜35杯のドリンクを作るごとに、マシンをバックフラッシュしなければなりません。それによって、エスプレッソマシンの洗浄剤をグループヘッドやチューブから上昇させ、ブラシが届かない場所へも行き渡らせることができます。各メーカーがバックフラッシュの方法について説明書を提供しています。大事なのは、それを読むだけではなく、実際にやってみることです。

バックフラッシュのあと、ブラシにお湯と混ぜたエスプレッソマシン用洗剤をつけて、グループヘッドをしっかりと磨きます。特にコーヒー豆が溜まっている部分に重点的にブラシをかけましょう。シャワースクリーンが簡単に外れる場合は、取り外してお湯と洗剤の溶液（洗剤のボトルに書かれた説明書きを参考にすること）に浸したあと、ブラシで磨きます。ポルタフィルターからバスケットを外します。同様に、ポルタフィルターとバスケットの両方をエスプレッソマシン用洗剤とお湯の溶液に数分浸したあと、よく磨きます。すべてを拭いて乾かします。エスプレッソマシン用洗剤が残っていると味が悪くなるため、クリーニングが終わったら、一度エスプレッソを作って捨てましょう。再びお湯ですべてをすすぎます。このとき洗剤を入れてはいけません。これでまた、25杯のドリンクを作る準備が整いました。

温度の安定性を理解する
UNDERSTANDING THERMAL STABILITY

エスプレッソマシンは電源を入れっぱなしにしておくように作られています。マシンの温度が安定していることは、ブレがなく美味しいエスプレッソを抽出するうえでもっとも重要なことです。またエスプレッソマシン自体が熱源となって、抽出温度を整える放熱板の役割も果たしてくれます。しかしながら自宅でマシンを予熱し続けるのは難しいことです。朝起きたら一番にエスプレッソを作りたいけれど、電気の無駄使いを考えると、一晩中マシンの電源を入れ放しにしたくはありません。とはいえ予熱のために2時間も早く起きたくもない。そんな人にお勧めなのが、ホームセンターで購入できるシンプルな機器用タイマーです。起きる1〜2時間前に、エスプレッソマシンの電源が入るようセットしておきましょう。

マシンの製造メーカーは一般的に、20分間の予熱の時間を推奨しています。マシンによっては、ボイラーの温度と圧力が準備できたことを示すランプがついている場合もあるのですが、ほとんどの場合、温度が安定性するよりも早い段階でランプは点灯してしまいます。予熱が不十分なマシンと完全に温まったマシンとでは、パフォーマンスの差が著しく異なります。

エスプレッソを作る
Making Espresso

本の中でエスプレッソの作り方を説明するという試みは、無謀とも楽天的とも言えます。これはせいぜい、読んだあとにほんの少しだけエスプレッソ作りに自信を持てるようになる程度のガイドです。読んだら、2.3kgのコーヒー豆を買いに行き、携帯の電源を切って100杯のエスプレッソを作りましょう。おそらく4〜5時間はかかります。翌週も同じことを繰り返しましょう。その次の週も同じです。1杯ずつエスプレッソの香りを嗅ぎ、試飲は10杯に1杯で構いません。エスプレッソ作りは体力仕事です。機械と農作物を思いどおりにしようとする、意志と努力の作業なのです。

　あなたが作る1杯1杯のエスプレッソは、味が少しずつ違うでしょう。

　慣れることは重要なプロセスで、あなたとエスプレッソマシンは一緒に進化していきます。はじめてエスプレッソ作りを学ぶときは、さまざまなパーツに触れるたびに違和感を覚えるでしょう。ポルタフィルターをグループヘッドに固定するときやミルクをスチームするときの慣れない感触は、数百回作った頃には消えるはずですが、それより早く消えることはありません。慣れと自信を得るためには、結局のところ、繰り返し行うしかないのです。1000杯、1万杯のドリンクを作ったあかつきに、あなたの体と舌がどんな感覚を覚えるか想像してみてください。

準備

少なくとも1時間、なるべくなら2時間、エスプレッソマシンを予熱します（前ページの「温度の安定性を理解する」参照）。予熱の際は、ポルタフィルターとバスケットをマシンに取り付けた状態にしてください。

　グラインダーの中にコーヒー粉が残っていたら捨てます。挽きたてのコーヒー豆だけをポルタフィルターに入れるためです。

　以降、ポルタフィルターへのドーシング（挽いた豆を入れる）についての説明が長く続きます。とはいえ、この作業自体はできる限り短い時間で効率的に済ませるべきです。最適な抽出のためには、ポルタフィルターが温かい必要があるため、グループヘッドから離れている時間はできるだけ短くしましょう。ボトムレスのポルタフィルターはさらに厚みが薄いため熱が逃げやすく、グループヘッドから離れている時間には一層注意を払ってください。

ポルタフィルターにドーシングする

ポルタフィルターをマシンから取り外し、バスケットを乾いた布で素早く拭きます。

　エスプレッソのドーシングを練習するときは、ポルタフィルターをはかりの上に載せて数値をゼロに戻し、毎回同じ量のコーヒーをドーシングできるようにしましょう。商業用サイズのポルタフィルターを持っている場合は、ダブルバスケットに16〜20gをドーシングします（絶対にシングルバスケットは使わないでください。捨てるか、2歳児におもちゃとして与えてください）。豆の量は一定に保ちます。例えば18.5gなど、数値を選んで、納得いく抽出ができるまでその数値を変えないでください。何か条

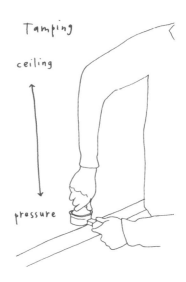

件を変える場合は毎回1つだけにしたほうがいいのです。

　　　はかりの上でポルタフィルターの数値をゼロに戻したら、ポルタフィルターをゆっくりと回転させながらコーヒー粉を入れていきます。グラインダーの下にポルタフィルターを構えてハンドルを3時の方向から9時の方向へゆっくりと回転させると、ある程度平らにコーヒーが入ります。

　　　重さを量り、正しい量でドーシングされたかを確認します。コーヒー粉は、ポルタフィルターの縁の高さを超え、こんもりと盛られているはずです。

　　　ポルタフィルターを素早くとんとんとんとカウンターの上で3回叩いて、その山を整えます。これを、セットリング（レベリング）といいます。

コーヒー粉をならし、タンピングする

次のステップは、一般的に、抽出のプロセスの中で一番難しく、またもっとも繊細な手順と考えられています。そして残念ながら、もっとも説明しにくい部分でもあります。18.5gのコーヒー豆を均等にポルタフィルターのバスケットに行き渡らせます。コーヒーの表面の高さと豆の密度は、可能な限り均一でなければなりません。なぜならば、圧力がかかった熱湯は、バスケットの中で密度の低い箇所を通り、過剰な抽出を引き起こしてしまうからです。その結果、できるコーヒーは美味しいものにはなりません。

　　　右利きであれば、右手の親指と人差し指で逆L字型を作ります。右手をポルタフィルターの上に持っていき、親指と人差し指の間で、エスプレッソの山に触れるようにします。右手をその格好にしたまま、ポルタフィルターを左手で回転させます（5時から9時の方向へ）。これを3回行います。エスプレッソの山は、回転させるごとに小さくなっていきます。上手くいくと、コーヒーの表面はおよそポルタフィルターの高さになります。

　　　タンパーを手に取り、水平であることを確認しつつ、挽いたコーヒー豆の上にそっとのせます。ポ

ルタフィルターをキッチンカウンターのような平らな面に置き、タンパーできつくプレスします。腕と手首をまっすぐに保ち、肘は天井に向け、13.5～18kgほどの圧力をかけます。力が十分にかかっているかどうかは、体重計にポルタフィルターをのせてタンパーでプレスすることで確認できますが、キッチンに風呂場の体重計があるのは、どこか心地が悪いものです。練習方法の判断はあなたにお任せします。

　タンピングを終えるには、タンパーを緩めて、180度回転させます。すると、コーヒー豆の表面が磨かれたようになります。こうしてポルタフィルターの中が高密度で水平、かつ、きれいに整い、アイスホッケーのパックのようなコーヒーができました。ポルタフィルターを逆さまにしても、コーヒー粉はバスケットの中で圧縮されているため、ポルタフィルターから落ちてくることはありません。

　抽出温度を整えるため、抽出前にボイラーから60㎖のお湯を出します。そして、ポルタフィルターをエスプレッソマシンに固定します。エスプレッソのカップをはかりにのせて数値をゼロに戻し、ポルタフィルターの下に置きます。

抽出

待ちに待った瞬間がやってきました。いよいよエスプレッソを抽出します。

　タイマーをスタートさせ、ポンプを稼働させるスイッチを押したら、圧縮された熱湯がエスプレッソの最初の一滴となって落ちる様子を見るために、かがんでください。正しくドーシングされ、コーヒー粉が均等に押し固められているのであれば、ポルタフィルターのバスケットの底全体から同じ茶色の液体が同時に染み出してくるのが確認できます（p.120の写真参照）。もし手順のどこかが間違っていた場合、ある部分は薄い茶色、ある部分は非常に濃い茶色というようにムラが出るでしょう。エスプレッソは、色が薄い部分からはじめに抽出されます。色が薄いということは、密度が低い部分があるということです。

　お湯の速度は、1秒間に0.75㎖（7秒おきに小さじ1杯）が理想です。きちんと抽出できていれば、エスプレッソはバスケットの底に数秒で集まり、1滴ずつ落ちはじめたかと思うと次第に細い線になります。上手くいっていると、この液体は美しい赤みがかった茶色になるでしょう。20～30秒後、この線は薄い茶色に変わります。それがスイッチを切ってタイマーを止め、カップを外す合図です。数値をゼロに戻したはかりにカップをのせ、抽出したエスプレッソの重さを量ります。この重さが約35g、つまり35㎖のエスプレッソになるようにしてください。

　もしエスプレッソの見た目が美しく、赤みがかった茶色のクレマ（p.118参照）が表面に浮かび、とても良い香りがするようなら、ひと口飲んでみましょう。

トラブルシューティング

35㎖の抽出が10～15秒ですむ場合は、エスプレッソの抽出速度が速すぎます。粉が粗すぎるので、グラインダーを調整してやり直してみてください。

　35㎖の抽出に40～50秒かかる場合は、エスプレッソの抽出速度が遅すぎます。また、エスプレッソがまったく抽出されない場合は、粉が細かすぎます。グラインダーを逆の方向に調整してやり直してください。

　問題への対処は、これがすべてです。エスプレッソの抽出は、不可思議なものではありません。た

だ非常に難しいだけです。新鮮で高品質なコーヒー豆をその場で挽き、粉を定量分量り、ポルタフィルターのバスケットの中で正確にコーヒーをならし、特定の抽出時間と特定量のコーヒーを抽出するとき、変えられるのは、豆の挽き目とマシンの抽出温度だけです。マシンによって抽出温度の調整方法は異なるので、このガイドの中で調整できる要素は、挽き目を決めるグラインダーだけです。美味しいエスプレッソを淹れられるようになるためには、すべての条件を同じにしたうえで、豆の挽き目のサイズを調整してください。

しかし、ひとたびグラインダーを完璧に設定できたとしても、他の要素が変化すれば、抽出が完璧になる保証はありません。例えば、コーヒーのエイジングが進むほど、挽き目は少し粗くする必要があります。天候の変化によっても、挽き方を変えなければなりません。より湿度の高い天候の場合（例えばパーティでキッチンにたくさんの人がいる場合なども）、挽き目は粗くする必要があります。大切なのは、常に注意を払うことです。そして、練習、練習、また練習です。

クレマについてのメモ
A NOTE ABOUT CREMA

クレマの色、濃さ、きめ細かさ、そしてアロマは、そのエスプレッソがどんな味なのかを見抜く情報となります。これらの情報を多く含むクレマは、エスプレッソの特徴としてもっともよく知られているものです。エスプレッソのクレマがふかふかのブランケットのように厚く、マホガニー色に濃い茶色のまだらがある、まるで虎柄のような泡（泡は肉眼で見ることができないほど小さい）なら、美味しい1杯が期待できます。それは、肉についた焦げ目が、美味しいステーキを予感させるのに似ています。エスプレッソの表面にできるクレマは、乳化した油、糖分、そして小さな球体が結合したタンパク質によるものです。ここには重要な知覚情報が眠っています。1㎣のクレマには、コーヒーそのものよりもずっと多くの情報が含まれているのです。クレマには3つの非常に重要な役割がありますが、その1つは「味の診断基準になる」というものです。また、カッピングをするときに、コーヒー粉がコーヒーの表面を覆い、重要なガスを閉じ込めるのと同じように、クレマはフタの働きをします。クレマの中に多くのガスが入っているので、クレマがあるエスプレッソとないエスプレッソでは、味や香りに大きな違いが出ます。表面からクレマを取り除かれたエスプレッソは、物足りなく感じるでしょう。

ブルーボトルのエスプレッソ
ESPRESSO AT BLUE BOTTLE

ブルーボトルでは、ブレンドで作ったエスプレッソとシングルオリジンで作ったエスプレッソ、それぞれに理想としているゴールがあります。どちらも客観的に見て必ずしも正解だとは思いませんが、客観的に説明できる美徳があると考えています。これはあくまで私たちのゴールであり、長年エスプレッソ作りをしながら進化させてきました。それはイタリアの伝統的なエスプレッソというより、アメリカのモダンなエスプレッソ開拓者の1人である、シアトルの「エスプレッソ・ヴィヴァーチェ」(Espresso Vivace)のデイビッド・ショマーのスタイルに近いものです。ショマーは1988年、シアトルの歩道でコーヒーカートのビジネスを立ち上げました。彼はその甘くて絶妙に調整されたリストレットや、アメリカにラテアートを紹介したことで有名になりました。

リストレット、あるいはリストリクテッドエスプレッソとは、30㎖に7gという、イタリアのエスプレッソよりもさらに重く濃厚な比率のショットです。リストレットでは一般的に、1：1もしくは1：1.5の抽出比率が使われます。長い年月を経て、ショマーはだんだんとエスプレッソ抽出の変数と調整にのめり込んでいきました。その過程で、アメリカ人のコーヒーについての考え方をも変えていったのです。さまざまな要素を測定し、細かくノートをとり、良質なコーヒー作りに励んでいるアメリカのコーヒー貿易関係者はみんな、ショマーに多大な感謝をすべきでしょう。

ブルーボトルでは通常、4種類のエスプレッソ用ブレンドを提供しています。各ブレンドは店舗のロケーションとマシンの種類に合わせて作られていますが、作り方とでき上がりには共通する理念があります。基本的に私たちがブレンドに求めるのは、濃厚で甘く、キャラメルのようで複雑、決して強すぎず、繊細すぎもしない、かすかなキレを持つエスプレッソです。万人に好まれるブレンドにしたいのです。親戚のおじさんのように寛大で、芯が強く、バターのようになめらかなブレンド。それぞれのブレンドには1つの核となるイメージがあり、毎日、毎年、絶妙にブレンド比率と焙煎を調整しながら、そのイメージをキープできるよう努力しています。

例えばヘイズバレー店のエスプレッソ用ブレンドのイメージは、オレンジピールのチョコレートディップです。ブレンド用の豆が2ハゼまで焙煎されることはまずありませんが、このブレンドを構成する豆のうち2種類は、その寸前までいきます。非常に深く焙煎されるので、焙煎から3〜6日後に提供しています。浅い焙煎にするなら、最人1週間は寝かせる必要があるでしょう。そしてエスプレッソの濃さを強調するため、ダブルバスケットのボトムレスポルタフィルターを使います。店舗ではPIDコントローラー（p.113参照）で温度を計測し、92〜93.6℃でお客様に提供します。またマシンの種類、季節、バリスタの直感、天気、焙煎日を考慮したうえで、通常18.5〜21gのコーヒー豆を使用します。30㎖のダブルリストレットのエスプレッソにかける時間はおよそ34秒とゆっくりです。こうして、私たちの思い描くエスプレッソを実現します。結局、エスプレッソとは、生豆のバイヤー、焙煎士、トレーニングラボ、ショップのマネージャー、バリスタ、そして最終的にはお客様とともに作り上げていくものなのです。

シングルオリジンのエスプレッソは、私たちの意志をコーヒーに反映させるというより、コーヒーそのものをより自然に表現しようと考えています。現代のポンプ駆動のエスプレッソマシンは、見事なま

でに均一な圧力で抽出することができます。圧力をグラフで表現するなら、一気に9気圧まで上がり、抽出中の30秒以上は横ばい、ポンプがオフになると急激に下降する線を描くはずです。レバー式のマシンの圧力はもっとゆるやかな変化ですが、不思議なことに、のんびりと9気圧まで上がっていき、同じように急がずゆっくりと下がっていきます。この"ゆるやか"な圧力が、シングルオリジンのコーヒー豆にとっては素敵な結果をもたらすのです。私たちがシングルオリジンのエスプレッソに、好んでレバー式のマシンを使用するのはこのためです。ポンプ式のマシンの直線的な圧力カーブに対して、ベル形の圧力カーブは、より甘味のある、まろやかなエスプレッソを抽出することを私たちは発見したのです。しかも、ビンテージのレバー式エスプレッソマシンは最高にクール。1950年代にまで遡る名品を持てるとは素晴らしいことです。修理したマシンは、今日も店舗で完璧な仕事をしてくれています。シングルオリジンのエスプレッソをベストなクオリティで抽出するために、ブルーボトルでは、低めの温度でやや速く抽出し、より多くのお湯（最高40㎖まで）をグループヘッドから送り込むという方法をとっています。

　　数百杯のドリンクを作り、何時間にも及ぶ練習で技術が身についてきたら、あなたもそれぞれの豆が持つ素晴らしい味わいを引き出せるようになるでしょう。ドーシングや抽出の温度、時間、量について試行錯誤することで、求める味が形作られていきます。ブレンドでもシングルオリジンでも、コーヒーにはそれぞれの特徴があります。技術を磨くことで、あなたの興味をそそる絶品の味わいを引き出すことができるでしょう。

スチームミルクを作る
STEAMING MILK

エスプレッソ作りと同様に、スチームミルクが作れるようになるまでにも練習が必要です。新鮮で品質が良く、脂肪が均一で殺菌処理された（超高温殺菌は不可）地元産のホールミルク（全乳）を1ℓ買いに行きましょう。家に持って帰ってきたらすぐに、よく冷えるまで冷蔵庫に入れます。冷たいミルクは、温かいミルクよりも簡単にスチームできるからです。再び、携帯の電源をオフにして練習に励みましょう。はじめる前の食事は軽めにしましょう。なぜなら、これからたくさんのミルクを飲むことになるからです。

使いやすいミルクピッチャーは、本体が円柱形のステンレス製で、幅が狭い注ぎ口とハンドルつきのものです。スチームする量の2倍程度の大きさのピッチャーを使いましょう。例えば、355㎖のカフェラテを作る場合は、590㎖のピッチャーが、180㎖のカプチーノを作るなら、355㎖のピッチャーが良いでしょう。

ピッチャーの注ぎ口の付け根（くぼんだ部分の一番下）よりもおよそ1.3㎝下までミルクを入れます。安定した技術を身につけるために、ピッチャーには毎回同じ量のミルクを入れるようにしましょう。

スチームバルブを開閉して、車のアクセルを吹かすようにお湯を噴射させます。これを「パージング」と呼びます。ミルクをスチームする前後には、毎回スチームノズルのパージングを行います。またスチームしたあとはミルクがこびりつかないよう、毎回スチームノズルを湿った布で拭きます。ミルクがくっついたままのスチームノズルは、二流のカフェで目にするもっとも残念な光景です。カピカピに干からびたスチームノズルはこう言っています。「別に気をつけたっていいけど。簡単なことだし。あえて気にしないほうを選んでいるんだ」と。ミルクがこびりついたスチームノズルを見ると、「このカフェがほかに気をつけていないことは何だろう？」と疑念が湧いてきます。とにかく、スチームノズルはきちんと拭きましょう。

ミルクをスチームする際の注意点は、たった1つ、ミルクを回転させることだけを考えればいいのです。片手でピッチャーのハンドルを持ち、温度を確かめられるようにもう一方の手の指をピッチャーの側面に当てておきます。スチームノズルの先端を約6㎜、冷たいミルクの中に入れましょう。もう片方の手で、スチームバルブを全開にします。スチームノズルの先端をミルクに浸したまま、ピッチャーの底がカウンターに対して水平になるように保ってください。スチームがミルクを押しのけ、渦巻き状になります。ミルクが回転しています！ 小さな泡（理想的には目に見えない細かさ）がミルクの渦に吸い込まれていきます。この泡こそ、正しくミルクがスチームされた証。ドリンクがより魅力的に引き立ち、ただ温めただけのミルクよりもずっと甘くなります。ピッチャーに触れてみてください。さわるには少し熱すぎると感じる約62℃くらいでスチームバルブを閉じます。そして忘れてならないパージング！ 最後にスチームノズルを拭きましょう。

これででき上がりです。ピッチャーの中で、ミルクをできるだけ速く回転するように心がけてください。理想は、コクがあって、甘く、つややかで、エレガントなミルクです。つやつやのチョコレートプリンにトロッと注がれる白いペンキのようなイメージ。甘くて、熱すぎず、春の雨上がりに牛が外へ出て草を食べているときに搾られたようなミルクです。

スチームミルクも上手く作れるようになるには練習が必要です。泡が大きすぎる場合は、スチームノズルが十分な深さに入っていません。もし渦ができなかったり、でき上がったミルクにつやがない、言い換えれば、単なるホットミルクになってしまった場合は、逆にスチームノズルを入れる場所が深すぎます。100杯のミルクをスチームし、1杯ずつ香りを確かめてみてください。焼きすぎのカスタードのような香りがしたら熱しすぎです。ピッチャーを冷たい水で洗ってスチームをし直しましょう。つやつやのミルクができ上がったら、デミタスカップに少し注いで、味見してみてください。心地よい甘さとリッチな舌触りになっていれば合格です。あなたが数十リットルのミルクをスチームしたら、エスプレッソとスチームミルクを組み合わせる準備が整ったといえるかもしれません。しかし、そうでなければまだまだ練習が必要です。

基本の注ぎ方

多くの家庭内バリスタは、注ぎ方でつまずきます。お気に入りのカフェでは、バリスタがハートやチューリップ、リーフなどの絵柄をラクラク描くのに、同じようにできずイライラします。友達を驚かせたい、すべてのカップでバリスタとしてのスキルを認められたいと思っていることでしょう。しかし、ラテアートはせっかく美味しく上手にできたドリンクを楽しむ妨げとなる可能性があります。あなたはイライラするためにここまで2000～3000ドルを費やしたわけではありません。楽しみたいからエスプレッソマシンを買ったのです。ですから、我慢してください。プロのように巧みにエスプレッソを抽出し、絹のような舌触りで甘く、美味しいミルクをスチームすることに集中します。ミルクを回転させる練習をし、たくさん味見しましょう。きれいに飾ることはプロに任せて、美味しさの追求に励むのです。

　もしミルクの泡が少し多すぎたり、不快な舌触りの場合、ピッチャーをとんとんと素早く何度かカウンターの上で叩いてみてください。これで大きな泡が壊れます。私がファーマーズマーケットに出店していたときは、1日の終わりに近づくにつれて、私のメガネはカートに叩きつけるピッチャーから飛び跳ねた細かいミルクの染みで汚れていました。そのあと、絶品のボルドーワインを飲む前のように、ミルクをピッチャーの中でくるくると回します。これにより、ミルクの表面がよりなめらかになります。

　注ぐ準備ができたら、ピッチャーの注ぎ口をエスプレッソの表面にできるだけ近づけます。右利きの人は左手で、左利きの人は右手でエスプレッソが入ったカップを持ちます。つまり、より器用なほうの手でピッチャーを持ち、カップを時計に見立てて、右利きなら3時、左利きなら9時の位置から注ぎはじめます。素早く注がないと、ピッチャーの表面にある密度の低い泡が先に注がれ、完璧な調合になるはずだったドリンクを台無しにしてしまいます。右利きなら3時から9時へ、左利きなら9時から3時へと、素早く動かします。

　ミルクを素早く注げば、クレマの下にミルクがなめらかに潜り込み、表面にあるクレマが浮上します。最後に、スタートの位置からカップ中央へスッと動かします。柔らかいキッドの手袋でライバルの頬を叩くイメージです。腕は使わず、手首のスナップを利かせます。正しくミルクの量を計り、きちんとスチームできていれば、カップの反対側にたどり着くまでに、ちょうどミルクがなくなるでしょう。クレマに何か形が浮かび上がって見えるかもしれません。もし見えたら素晴らしいことですが、見えなくても心配することはありません。もう一度言いますが、まずは味に集中してください。そのうち美しく注げるよ

うになります。

エスプレッソベースのドリンク
ESPRESSO BASED DRINKS

マキアートとは何か？ カプチーノとは？ カフェラテとは？ ブルーボトルでは、バリスタにその違いのほとんどは混合比率だと教えています。マキアートは80mlのデミタスカップで提供し、ミルク（スチーム前）とエスプレッソの割合は1：1です。カプチーノは180mlでミルク4：エスプレッソ1。カフェラテは355mlで、ミルク8：エスプレッソ1の割合です。

　　重要なことは、"正しい"マティーニの定義がいくつもあるように、"正しい"マキアート、カプチーノ、ラテの定義もまた1つではないということです。ブルーボトルで重要視していることは、全員がこれらのドリンクのスチーム、抽出、注ぎ方について社内の基準を理解しているということ。そして、どの店舗やバリスタの間でも一貫した質が保たれていると、お客様に知っていただくことです。私たちは成分無調整のミルクを使います。そんなに大量に使うわけではないので、どうか認めてください。脂肪分は美味しいのです。どうしても脂肪分を摂りたくないという方は、より分量の少ないマキアートやカプチーノを選んでください。

ジブラルタル

ブルーボトルには、容量135㎖で底が八角形の形をしたリビー（Libby）社製のグラスでお出しするドリンクがあります。割合は、37㎖のエスプレッソと75㎖のスチームミルクで、ちょうどマキアートとカプチーノの中間です。ミルクは浅くエレガントにスチームし、熱くしすぎず、さっと飲めるように仕立てます。お急ぎの方であっても、エスプレッソバーでバリスタと軽く挨拶を交わして、これを飲み干す60秒弱という時間ぐらい何とかなるでしょう。それに、可愛いグラスに入っているので、このドリンクを手にしている人まで素敵に見えます。いやはや最高です。

　このグラスを手にしたのは、リンデンストリートのキオスクの開店準備をしているときでした。従業員の1人が、カッピングにちょうどいい大きさだと勘違いして買ってきたのです。とても使える大きさではなかったので、大文字で「ジブラルタル（GIBRALTAR）」と印刷された段ボールに戻したまま、使わずに放置してありました。やがてキオスクでエスプレッソマシンのテスト準備ができた際に、再びグラスを棚から取り出しました。透明で小さなグラスは、クレマの様子を見てエスプレッソショットを評価するにはピッタリだったのです。そのエスプレッソマシンは、まさにフランケンシュタインのような発明品で、テスト用グラスは絶対的に必要でした。そう、カリフォルニアではじめて導入されたPIDコントローラーつきのラ・マルゾッコ（p.111参照）です。加えて当時の私たちはレバー式のマシンの対極ともいえるポンプ駆動のマシンに不慣れだったため、マシンの研究に長い時間と苦労を要しました。

キオスクをオープンさせた当時のリンデンストリートはみすぼらしい通りでしたが、隣にコルセット職人たちが働く「ダークガーデン」（Dark Garden）という高級ランジェリー店がありました。隣にやってきたキオスクで一体何が起きているのかと彼らが興味を持ちはじめるまで、そう長くはかかりませんでした。ラ・マルゾッコの調子が良い日は、彼らにエスプレッソを振る舞いました。しかし多くの「ガーデナー」たち（私たちは彼らのことをそう呼んでいました）は好みがはっきりしていて、私たちの基準を満たしたエスプレッソでさえ、鼻の上に可愛いシワを寄せて「濃すぎる！」と言うのです。そこで、彼らのためにエスプレッソに少量のスチームミルクを注ぎました。それは、小さな赤ちゃんラテのようなものです。やがて、ある通行人が「あの飲み物はなんですか？」と聞いてきたので、機転の利くバリスタが（彼はその後コーヒー業界で輝かしい功績をあげました）、得意げに笑いながら「ああ、あれですか。ジブラルタルです」と答えたのです。

　　それをきっかけに、人々はジブラルタルを注文するようになりました。キオスクのメニューはすでに印刷されていたので、思いがけずメニューにない人気商品ができ上がりました。これはいわゆる「コルタード」でした。スペインのエスプレッソバーで人気のある飲み物で、過酷なまでに深く焙煎されたスパニッシュエスプレッソの渋みをやわらげるため、少量のミルクを丁寧にスチームして加えたものです（しかも可愛いグラスに入っています）。しかし当時の私たちはコルタードのことは全然知りませんでした。

　　とても不思議なことに、他のコーヒースタンドもこのドリンクを提供しはじめ、そして今では、アメリカ、ヨーロッパ、さらに日本でもジブラルタルを注文することができます。ガーデナーたちのために発明したこの飲み物が、135㎖のエスプレッソブームを巻き起こすために必ずしも必要なものだったとは思いません。しかし、当時まだ知られていなかった濃厚なショートエスプレッソを使ったドリンクのニーズを掘り起こし、世の中に広めることができたと思っています。

モカとホットチョコレート
MOCHAS AND HOT CHOCOLATE

私たちが提供しているエスプレッソドリンクのほとんどはビッグ4（エスプレッソ、マキアート、カプチーノ、カフェラテ）ですが、上質なホットチョコレートもまた、自信を持ってお出しできる自慢の1杯です。ファーマーズマーケットのスタンドでも、サンフランシスコの「ビーン・トゥ・バー」（カカオ豆から板チョコまで一貫して製造する）チョコレートブランド、チョー（TCHO）のドリンク用チョコレートでこしらえたガナッシュにスチームミルクを加えて、ホットチョコレートを作っています。とても美味しくて、お子さんやコーヒーが飲めない人にもぴったりです。チョコレートのガナッシュとエスプレッソをいつも用意している以上、エスプレッソ1ショットをホットチョコレートの中に入れたモカの提供を拒否するのは無作法というものでしょう。それにコーヒー、チョコレート、ミルクまたはクリームという組み合わせの歴史は古く、18世紀トリノのカフェ・アル・ビチェリン（Caffè al Bicerin）にまで遡ります。生粋のコーヒー愛好家が好む飲み物ではないとしても、丁寧に作った上質なモカは、誇りを持って提供できると考えています。加えて、モカはしばしば"入門用のドリンク"となります。濃いコーヒーやコーヒー通が好むようなドリンクに慣れていない人に、店にあるほかのメニューを試すきっかけを与えてくれるのです。

ホットチョコレートとモカのためのガナッシュ
Ganache for Hot Chocolate and Mochas
2〜3杯分

これは私たちがホットチョコレートとモカのベースにしている、水に溶いたガナッシュです。トレーニングラボでの徹底したテストによって、ミルクやクリームよりも水を使ってチョコレートを溶かしたほうが、風味豊かで美味しいドリンクを作り出せることがわかりました。幸い、東海岸・西海岸ともに、私たちのためのチョコレートを作ってくれるショコラティエがご近所にいます。サンフランシスコではチョーが作るドリンクチョコレートを、ニューヨークでは、マストブラザーズ（Mast Bro-thers）が作るシングルオリジンのダークチョコレートを使っています。使用するチョコレートの種類はガナッシュの濃さに大きく影響するため、量の調整が必要です。

- 粗く砕いたダークチョコレート　約85g
- 沸騰したお湯　60㎖

チョコレートを小さなボウルか、2カップ分の容量があるガラスの計量カップに入れます。チョコレートの上から沸騰したお湯を注ぎ、チョコレートが溶けてなめらかになるまでかき混ぜます。スティックブレンダーがある場合は、それを使って完全にどろりと乳化するまで混ぜます。

ガナッシュは密閉容器に入れて冷蔵庫で1週間まで保存できます。使う前には、電子レンジでゆっくりと加熱しましょう。

モカ
Mocha
1杯分

そうです、モカといえばよくコーヒーへの「入門」とされるドリンクです（前のページを参照）。ところが、お客様の中にはなかなかコーヒードリンクを注文する勇気が出ない人もいます。ヘイズバレーのキオスクに通ってくれた最初のお得意様は、モカに夢中になりました。彼のモカ熱がもっとも高かったときには1日に5杯のモカを飲んで、「ファイブ・モカ・デイビッド（1日モカ5杯のデイビッド）」のニックネームがついたほど。最終的に、デイビッドはストレートのブラックコーヒーを飲むようになりましたが、未だにそのあだ名で呼ばれています。ガナッシュは非常に濃く、温かい状態で使われるため、アイスモカのリクエストは丁重にお断りしています。冷たい状態だと、チョコレートが決して美しいとはいえない形状に固まってしまうのです。

メモ：エスプレッソを省けば、あら簡単！　あっという間にホットチョコレートのでき上がりです。

- ホットチョコレートとモカ用のガナッシュ（上のレシピ参照）　大さじ3
- スチームミルクもしくはスチームした豆乳　240㎖
- ダブルショットのリストレットエスプレッソ（p.119参照）1杯

約300㎖の陶器のカップにガナッシュを入れます。その上に直接エスプレッソを注ぎ、スチームミルクをカップの上30〜50㎝の高さから注ぎます。ガナッシュとミルクを混ぜるのに必要なのは、注ぎ入れるミルクの重力だけです。かき混ぜる必要はありません。できたらすぐに召し上がってください。

レシピ

私がジェームスと知り合ったのは2002年のこと。当時、ジェームスはブルーボトルを立ち上げたばかりで、私はメグ・レイ、リズ・ダンとはじめたケーキショップ、「ミエッテ」(Miette) が、1周年を迎えた頃でした。ジェームスも私も、ビジネスのスタートは、ベイエリアの屋外で行われているファーマーズマーケットから。彼は金曜日にオールドオークランドのマーケットでコーヒー豆を売り、私は土曜日にバークレーのダウンタウンにあるマーケットでケーキを売っていました。私たち「ミエッテ」の3人は、毎週マーケットの一角に、手作りのケーキを置いたテーブルとピンクの屋根をつけたコーヒーカートを用意していました。コーヒーはジェームスから卸してもらっていて、私たちは彼にとって2番目の得意先。彼は嬉しくないかもしれませんが、当時私たちは「コーヒー豆の袋のデザインが可愛い」という理由だけで彼からコーヒーを買っていたのです。

　　　今だから言えるのですが、私はコーヒーを淹れるのが本当に苦手でした。可愛いドレスを着て元気よく「コーヒーに合うクッキーはいかが？」と言いながら微笑めば、何とか商品を売ることはできました。ただそれは、当時、ブルーボトルは創業したばかりで認知度も低く、コーヒーをちゃんと淹れるとどれだけ美味しいものになるのかを知っている人が少なかったからこそできたことかもしれません。それと同様に、私がいかにコーヒーを淹れることが苦手か、バレることもありませんでした。

　　　「コーヒーを上手に淹れることができない」という状況を何とかしようと、私は「土曜日にバークレーに来てコーヒーを淹れてもらえない？」とジェームスに相談しました。最終的に、私たちは「コーヒ

ーカートごと買い取ってもらえない？」というお願いまですることになるのですが、幸運にも彼はその提案を引き受けてくれました。それ以来、私たちの隣で彼がコーヒーカートを出すようになったのです。親切な彼は、新しい商品の試食係も務めてくれて（p.175、パリ風チョコレートマカロンの話をご覧ください）、仕事場での素敵な相棒になりました。2004年にカップルとしておつき合いをはじめるまで、長い時間を良き友人として過ごせたことで、私たちはお互いを理解し、仕事に対する姿勢、志、美的感覚、そして最高品質の商品を作りたいという熱意も尊重し合えるようになりました。

　2008年の10月29日、私たちは結婚しました。あの日は、サンフランシスコの市庁舎で簡素な結婚式を上げ、ヘイズバレーにあるブルーボトルのコーヒースタンドで友達とコーヒーブレイクをして、ウェディングドレスを着たまま「ミエッテ」の売り上げに関する書類を作成するために法律事務所に向かったのです。私たちの新婚生活はそんな慌ただしさの中で始まりました。幸運なことに、私は結婚を機に3カ月の休暇を取ることができました。以前から、ブルーボトルに小さなデザートコーナーを設けること、そして自分自身でパイ専門店をオープンさせることを計画していたのですが、それらを実行する前に、休暇期間の最後の1カ月を使って、新しいペイストリーの研究をすることができました。私はヘイズバレーとミントプラザのブルーボトルに置く商品を作ろうと、友人たちの家に伝わるレシピを集め、コーヒーと合うメニューを研究していました。

　期間限定のプロジェクトでしたが、ずっと続けていたいほど愛してやまない仕事になったのは、サンフランシスコ近代美術館（MOMA）の屋上「彫刻の庭」にブルーボトルのカフェをオープンしたときでした。私は美術学校の生徒だった頃、ウェイン・ティーボーのケーキの絵を見て想像が膨らみ、ペイストリーシェフになることを決意しました。私にとって、アートとケーキは切っても切れない関係なのです。美術館に展示されている作品へのオマージュを込めてレシピを作るのに、美術を勉強していた経験も存分に活かせました。もちろん、レシピの中にはあのウェイン・ティーボーのケーキの絵にインスパイアされた一品もあります。

　ブルーボトルは私が会社に入った2009年から急速に成長していき、現在は店舗に置くクッキーやケーキを作るオークランドの焙煎所、サンフランシスコ近代美術館にある小さなカフェのキッチン、そしてブルックリンの焙煎所にあるさらに小さいキッチンの3部門を私が統括しています。それぞれの場所で違うメニューを用意し、スタッフがその都度、レシピに基づいた素晴らしい料理を作り上げてくれますが、1つ全店に共通していることがあります。それはすべてのペイストリーが、コーヒーと相性の良いレシピに作られていることです。

　この章では、朝食によく合うメニューから、ジェームスがその美味しさに鳥肌を立てたという逸話のあるマカロンまで、数多くのレシピをご紹介していきます。ミントプラザ店で出している絶品の朝食メニューやランチプレート、私たちの友人がブルーボトルのコーヒーに合うようにアイデアを出して作ってくれたレシピなど盛りだくさんです。

　コーヒーを淹れるのとまったく同様、料理にも、調理器具や材料の選び方、計量の仕方、調理のテクニックまで、美味しいものを作るためのちょっとしたコツがあります。料理をはじめる前に、そのいく

つかのポイントをお話しさせていただきます。

——ケイトリン・フリーマン

調理器具
Equipment

すべてのレシピは、電動のスタンドミキサーを使う前提になっていますが、混ぜるための器具はハンドミキサーや木のスプーン、ボウルなど、どれでもうまく調理ができたので、電動のスタンドミキサーを持っていなくても大丈夫です。直感と経験で最適だと思われるものを選んで使ってください。

オーブンは家庭によってまったく性能が違うので、具体的な焼き時間を的確にお伝えするのは難しいです。テスターの皆さんにご協力いただき、この本に掲載したレシピは、さまざまな種類のオーブンで作ったデータをもとにした焼き時間が示してあります。私の自宅にある古いウェッジウッドのストーブオーブンから、庫内の温度が表示される新しいオーブン、コンベクションオーブン、オーブントースターまでいろいろ使ってレシピを試しました。実際の調理では、焼き色や表面の具合を確認しながら作るのが確実な方法です。

家でケーキを焼く主婦として、レシピにあるケーキ型やクッキーのサイズが同じでなくても、調理ができることがわかったのは大きな進歩でした。ご紹介するレシピは、ブルーボトルのカフェで作る場合の量やサイズ、またはご家庭で作る場合にちょうどいいサイズなのではないか、と私が考えたものになっています。成功の秘訣として、まずはレシピ通り作ってみることをお勧めします。でも例えば、お庭でのサンデーブランチに友人を招き、デザートのケーキをその場で切り分ける手間をかけたくない場合、フルーツバックルケーキをカップケーキの型に入れて焼くこともできます。もちろん、小さいケーキの場合、焼き時間を調節しなければなりませんが、一度、レシピ通りに大きいケーキ型で作っておけば、小さいカップケーキでも、表面の具合や焼き色で、焼き上がりのタイミングを計ることができます。オーブンの中を観察し、焼き具合がわかっていれば、ケーキ型やクッキーのサイズを変えるのは簡単ですし、オーブンの特性もつかめるでしょう。

持っていて一番便利なのが、右の写真にあるサーモカップル（熱電対温度計）です。電気式のセンサーがついていて、オーブンやエアコンの温度を計るのに使う業務用の温度計で、工具店などに行けば購入できます。値段もそれほど高くはなく、素晴らしく正確で使いやすいうえ、お手入れも簡単です。私もオーブンの温度を計ったり、砂糖のシロップ、この本にあるホームメイドヨーグルト（p.141 参照）など、温度調節が大切なレシピを作るときに使っています。使い勝手がよく、極めて正確なこの道具は、お菓子を焼くときにもコーヒーを作るのにも重宝します。

材料の計量
Weight Measurements

温度を計る際にサーモカップルが重宝する一方で、もうひとつなくてはならない調理器具が、0.01gまで量れる業務用のはかりです。ブルーボトルのすべてのペイストリー用キッチンには、3つのタイプのデジタルスケール（はかり）が備えてあります。5kgまで量れるもの、2kgまで量れて0.01g単位まで表示されるもの、140gまでしか量れないけれどスパイスなどの計量に便利な、細かい数値をもっとも正確に量れるものの3種類です。『ザ・ケーキ・バイブル（The Cake Bible）』を書いたローズ・レビー・ベランバウムは、1gの材料の差が料理の結果に大きく影響すると言っています。「もし、適当に量ったくらいで結果に大差はないのではないかと考えるのであれば、それは他のことも同様で、結果として大きな違いを生むことになる。きちんと計量することは、人生の生き方にもつながる」というのが彼女の考え方で、私もこの意見に大いに同感です。

　それでも私は、レシピにグラム以下の細かい単位は表記しませんでした。家庭用のレシピには、少ない材料の計量に、はかりより小さじや大さじが使われていることが多いでしょう。ある程度以上の量の材料には、すべて重さを表示しました。はかりを使うことで、焼き上がりに大きな違いが出てくるはずです。『ザ・ケーキ・バイブル』に掲載されている重さと量の計算表が、このレシピに使っている私の計量の基準になっています。

小麦粉の計量
A Note about Measuring Flour by Volume

このレシピに使われているすべての材料の中で、もっとも計量が難しいのが小麦粉です。しかしながら小麦粉は、デザートを作るうえでとても重要な材料です。中力粉の場合、私は1カップ（アメリカサイズ＝240㎖）を140gで計算しています（ローズの計算だと145gです）。これは、計量カップを小麦粉の袋に入れて、小麦粉をすくい取り、カップの表面をナイフですりきる方法で計った場合です。この方法だと、スプーンを使って小麦粉を計量カップに入れたときよりも、20g余計に粉が入ります。

　計量カップなどを使うと、大幅に差異が出てしまう可能があります。デジタルスケールを使えば、洗うカップの数が減るという利点もあります。ボウルとはかりを用意すればいいだけですから。汚れたメジャーカップをたくさん洗う必要もなく、ナッツ類を量る場合でも、みじん切りにする前後で量に違いが出ることがあります。ガートルード・スタイン曰く「たかが1g、されど1g」です。

材料
Ingredients

レシピに明記していない限り、材料はすべて室温で準備しておさます。特にバターと卵は室温にしてから使うことが重要です。バターを手早く室温にするためには、小さく切り分け、キッチンの暖かい場所に10分ほど置いておくのが一番です。卵を室温にするためには、殻つきのまま、ぬるま湯（32〜38℃くらい）の入った小さいボウルに入れ、10分ほど置きます。レシピの中で、最初にバターと砂糖を混ぜてクリーム状にし、卵を加えるステップが出てくることがありますが、すべての材料が室温であることが、完全に乳化したなめらかな生地を作るポイントになります。ラージサイズの卵（アメリカの基準）の重さは、殻を取り除くと約50gです。

　　チョコレートを使う場合は、そのまま食べても美味しい、カカオ含有量が少なくとも60％はあるダークチョコレートを選んでください。塩は甘みの中に少しだけ塩味のアクセントが効いているほうが好きなので、粒の大きい塩を選んでいます。粒が大きいと、噛んだときだけ絶妙な塩味を楽しむことができます。レシピでは主にコーシャーソルトを使っていますが、より大きな塩の粒が入ったほうが良いレシピには、マルドンのシーソルト（岩塩）を使います（p.165で、より詳しく塩のタイプや、レシピに表示してある塩の代用品などについて説明しています）。

　　以上、駆け足で説明しましたが、あとは作り手のあなた次第です。私はオーガニックの乳製品や卵や小麦粉を使って、自宅で調理する場合も、ブルーボトルのキッチンで作る場合も、できる限り地元産の食材を使い、地元の産業を助けることを意識しています。オーガニック食品や地元産の食材は、通常より少し高価なことが多いのですが、そのぶん、でき上がりの味の差は歴然です。

　　スパイスや珍しい材料も、使ってみることをお勧めします。レシピの中でも、何度かこのことについて触れてあります。ご自分の好みに合うレシピを作るための代用品のアイデアはp.163でご紹介します。

　　料理すること、ペイストリーを焼くこと、コーヒーを飲むことに、どんどんチャレンジしてください。でき上がったデザートを楽しむのと同じくらい、作る過程も楽しんでいただけたら……それが私の何よりの願いです。

モーニングコーヒーのお供に

ブラウンシュガーと冬スパイスのグラノーラ / 138

ホームメイドヨーグルト / 141

リエージュワッフル / 142

ブリュッセルワッフル / 144

イチゴのバックルケーキ、レモンとピスタチオのシュトロイゼルのせ / 145

スタウトコーヒーケーキ、ピーカンナッツとキャラウェイのシュトロイゼルのせ / 148

ポーチドエッグトースト / 152

カタランエッグの野菜炒めとトマトソース添え / 154

ブルーボトルベネディクト / 155

ブラウンシュガーと冬スパイスのグラノーラ
Brown Sugar and Winter Spice Granola

でき上がり：12〜15個分　/　作業時間：25分
調理開始からでき上がりまで：2時間30分

ブルーボトルのグラノーラを「ヘルシーフード」と呼んでいいのかは迷うところです。甘くて少し塩気のある大きめサイズのグラノーラは、ブラウンシュガーのシロップの甘さと、ほのかにシナモンやナツメグが効いた味わいです。やみつきになるのは、多めに入れたシーソルト（岩塩）のせい。ミルクやヨーグルト（特にp.141のホームメイドヨーグルト）とよく合い、フルーツとも相性抜群です。時間をかけて低温でじっくりと焼くことで、オーツ麦とナッツはカリっとした良い食感に。調理中はナッツとシナモン、ナツメグが香ばしく焼ける匂いに誘われて、ついつい、つまみ食いをしたくなるかもしれません。でもそこは我慢して。かき混ぜたりさわったりせず、乾燥してカリっとなるまでじっくりと待ちましょう。そうすれば、おやつにもぴったりな、大きめサイズのグラノーラができ上がります。

　　このレシピはかなり多めの量で作っています。半分の量でも作れますが、調理に2時間30分もかかりますし、グラノーラは日持ちするので、多めに作って保存しておくことをお勧めします。

- ブラウンシュガー……325g
- 水……80㎖
- オーツ麦フレーク（ロールドオーツ麦）……400g
- くるみ（粗く砕いたもの）……170g
- ピーカンナッツ（粗く砕いたもの）……170g
- シナモン（挽きたてのもの）……小さじ1
- ナツメグ（挽きたてのもの）……小さじ1
- マルドンのシーソルト（p.165参照）……小さじ¾
- キャノーラオイル……80㎖
- バニラエクストラクト……小さじ2½

オーブンを120℃に予熱しておきます。

　　小鍋にブラウンシュガーと水を入れ、中強火にかけ、よくかき混ぜながら加熱します。ブラウンシュガーが完全に溶けて沸騰したら、火からおろして室温になるまでおいておきましょう。

　　次に大きなボウルにオーツ麦、くるみ、ピーカンナッツ、シナモン、ナツメグとシーソルトを入れて、よく混ぜます。

　　先ほどのブラウンシュガーが入った小鍋に、キャノーラオイルとバニラエクストラクトを加えて、ナッツ類が入ったボウルに加えます。材料すべてが混ざり、1つの塊になるまで、よく手で混ぜ合わせてください（かなりベタベタになりますが、手を使うのが一番です）。

　　ベーキングシートを敷いた天板（33㎝×46㎝）にボウルの中身を移し、表面を平らにならします。その際、生地の厚さが天板の縁の高さを超えないように注意してください。

　　オーブンに入れて75分間焼いたら、いったんオーブンから取り出し、大きな金属製のヘラを使って、生地をひっくり返します。このとき、グラノーラがなるべく割れないように気をつけてください。オーブンに戻し、さらに60分焼きます。グラノーラが完全に乾燥し、噛んだときに柔らかさが残らなくなるまで焼き、冷めたらでき上がり。

　　密封容器に入れておけば、室温で2週間まで保存できます。

ホームメイドヨーグルト
Homemade Yogurt

でき上がり：8人分　／　作業時間：30分
調理開始からでき上がりまで：10時間30分

ジェームスと私は、自家製のすっぱいヨーグルトが大好きです。2人で毎週1ℓずつ手作りしていて、朝食に欠かせない一品です。ブルーボトルのオリジナルパジャマを着たジェームスが、カプチーノを片手にニューヨーク・タイムズを広げ、私は紅茶を飲みながら、テーブルには大きなボウルに入れた自家製ヨーグルト、これが我が家の朝の定番の光景です。トッピングには、同じく自家製グラノーラ（p.138参照）、またはファーマーズマーケットで買ってきた新鮮なフルーツとアーモンドを添えます。

　毎週の習慣にできるくらいヨーグルト作りは簡単ですが、オーブンやコンロなど、種菌を温められる場所を6時間は占拠しますので、その準備をしてからはじめてください。

　調理器具はあまり必要ありませんが、美味しいヨーグルト作りに不可欠なのが調理用の温度計。種菌の温度を正確に測ることが大切です。牛乳をクリーミーなヨーグルトに変える菌は、49℃を超えると死んでしまいます。いったんヨーグルト作りをはじめたら、元となる種菌を常に49℃未満の温度に保つように気をつけましょう。

　ホームメイドのヨーグルトには乳化剤やゲル化剤が入っていないので、お店で買うヨーグルトのようには固まりません。しかし、無添加でシンプル、少しすっぱい手作りヨーグルトは、どのブランドの商品よりも私は美味しいと感じています。

牛乳（成分無調整）……945㎖
プレーンヨーグルト（菌が生きている無糖タイプ）……小さじ2

厚手の中鍋に牛乳を入れ、中火にかけます。82～88℃の温度に保ち、沸騰直前で火を止め室温まで冷まします。

　ヨーグルトをボウルに入れ、冷ました牛乳を60㎖加え、全体がなめらかになるまでよく混ぜ合わせます。ボウルに残りの牛乳を入れ、さらによく混ぜます。

　フタつきの耐熱容器にヨーグルトを入れます。1ℓサイズのメイソンジャー（食品貯蔵用の広口密閉式ガラスビン）や小型のビン数個、またはヨーグルトメーカーの容器などを使ってもいいでしょう。

　ヨーグルトメーカーを使う場合は説明書の指示に従い、それ以外の容器を使う場合は、ヨーグルトを温かい場所でねかします。例えば、ライトだけをつけたオーブンの中や、中温に設定した電気カーペットの上に置いてタオルで覆うなど、ヨーグルトの温度が保たれるように工夫してください。理想的な温度は38～41℃です。ヨーグルトメーカーを使わない場合は、何度かヨーグルトの温度をチェックし、49℃を超えないようにしましょう。ねかせる時間は6時間ほどで、ねかせる時間が長いほど、ヨーグルトに酸味が加わります。

　食べる前に最低4時間、できれば一晩、冷蔵庫で冷やしてください。密封容器に入れると、冷蔵庫で1週間ほど保存が利きます。

リエージュワッフル
Liège Waffles

でき上がり：6枚分 ／ 作業時間：30分
調理開始からでき上がりまで：2時間

ブルーボトルのフェリービルディングにあるカフェでは、ベルギースタイルのリエージュワッフルを、アツアツのできたてでお出ししています。フェリービルディングは、フィナンシャル地区で働く人が簡単にランチを楽しめる場所ですが、同時に、現在でもサンフランシスコのフェリー発着所として機能しているので、朝はゆっくりとワッフルの朝食を楽しむ時間のない通勤客でごった返しています。リエージュワッフルは、表面に砂糖を焼きつけているのでシロップをかける必要がありません。サッと食べられる朝食やおやつとして、忙しいときにとても便利な一品です。レシピは私たちの良き友人であり、ブルーボトルのフードメニューアドバイザーでもあるスチュワート・ブリオザによるものです。彼は私たちの物置で見つけたベルギー製のワッフルメーカーを使って、このレシピを作り出しました。ベルギーからわざわざ輸入し、ブルーボトルのバリスタであるアルノ・ホルスシューが、アメリカの電圧に合わせて配線まで変えてくれたのに、埃をかぶったまま物置で忘れられていたワッフルメーカー。それが今では、フェリービルディングのカフェを訪れるお客様を魅了する一品を作り出しているのです。

材料の代用： バニラビーンズはバニラエクストラクトに、薄力粉は中力粉91gで代用できます。

ドライイースト……小さじ1¼
（または生イースト　小さじ1½）
ぬるま湯（32〜38℃）……60㎖
無塩バター……113g
薄力粉……105g

グラニュー糖……大さじ1
仕上げ用グラニュー糖……適量
マルドンのシーソルト（p.165参照）……小さじ½
卵……5個（250g、室温に戻しておく）
バニラビーンズ……1本
パールシュガー……大さじ3

小さいボウルにイーストとぬるま湯を入れ、5分ほどおきます。

バターを溶かし、46℃くらいまで冷まします。大きなボウルにふるいにかけた薄力粉とグラニュー糖を入れ、シーソルトも加えて混ぜます。

ボウルに卵を割り入れ、そこにバニラビーンズを縦半分に割り、中に入っている種をこそげ取って加え、泡立て器でよく混ぜます。次に卵液を薄力粉とグラニュー糖が入った大きなボウルに加え、さらにイーストと溶かしたバターも加え、生地がなめらかになるまで、全体をよく混ぜ合わせます。

ラップをかけ、生地が2倍の大きさになるまで、室温なら1時間、冷蔵庫なら一晩かけてねかせます。ねかせた生地にパールシュガーをやさしく混ぜ合わせ、さらに15分ねかせます。ベルギースタイルのワッフルメーカーを中〜高温の間に温めておきます。

お玉1杯分くらい（120〜150㎖ほど）の生地をすくって、ワッフルメーカーに流し入れ、上から仕上げ用のグラニュー糖をふりかけます（1回に流し入れる生地の分量はワッフルメーカーによって違うので、少なめの量からはじめて、適量を判断してください）。ワッフルメーカーの焼き上がりのサインが消えるまで、または表面に焼き色がつき、カリッとなるまで焼き、でき上がったらすぐにお出しします。

ブリュッセルワッフル
Zachte Waffles

でき上がり：6〜7枚分　/　作業時間：30分
調理開始からでき上がりまで：30分

この大きくてバターたっぷりのワッフルは、ブルーボトルのミントプラザ店のメニューです。気軽に持って食べられるリエージュワッフル（p.142参照）と違って、ブリュッセルワッフルはフワフワと柔らかく、バターとメープルシロップをたっぷりかけ、フォークとナイフで食べます。コーヒーを片手にゆったりと過ごす、週末の朝食にぴったりです。ワッフルをメニューに加えるというアイデアは、日本の京都を訪れたときに思いつきました。「タナカバー」という24時間営業の洒落たカフェに立ち寄ったのですが、そこでは、サイフォンを使って淹れたコーヒーとともに、ワッフルを出していました。メニューにはワッフルの写真がずらり。朝6時、バーといっても酔っ払い客はおらず、そこにはネクタイを締め、テーラードスーツを完璧に着こなした若いビジネスマンたちがサイフォンコーヒーとワッフルを味わいながら、出勤までのわずかな時間、静かに前夜の酔いを冷ましている、そんな風景がありました。

材料の代用： バニラビーンズはバニラエクストラクト小さじ1/2で代用することもできます。

中力粉……350g
砂糖……100g
ベーキングパウダー……小さじ2
コーシャーソルト……小さじ1/2
卵……2個（100g、室温に戻しておく）

ハーフ＆ハーフ（牛乳とクリームを混ぜた乳製品）……475ml
バニラビーンズ……1/2
無塩バター……小さじ7
（100g、溶かしておく。仕上げ用に少量残し、室温に戻しておく）
メープルシロップ（仕上げ用）……適量

大きなボウルに、中力粉、砂糖、ベーキングパウダー、コーシャーソルトを加えてよく混ぜます。中型のボウルに卵とハーフ＆ハーフを入れ、泡立て器でよくかき混ぜます。バニラビーンズを縦半分に割り、種をこそげ取って卵のボウルに加え、バニラビーンズの種が均一になるように混ぜます。先ほどの大きなボウルに卵液を加え、材料すべてが均一になるようによく混ぜ、さらに溶かしバターをゆっくりと加え、静かに混ぜ合わせます。

　ワッフルメーカーを中〜高温で予熱しておきましょう。生地をワッフルメーカーに流し入れ、焼き上がりのサインが消えるまで、もしくは表面に焼き色がつき、カリッとなるまで焼きます。室温に戻して柔らかくしておいたバターとメープルシロップを添えたら、焼きたてをお出ししましょう。ワッフルメーカーから取り出した直後は、外側がカリッとしていて最高に美味しくいただけます。もし大人数で食べる場合は、焼き上がったワッフルを93℃に温めたオーブンに入れて人数分焼くと、全員、温かいままで食べられます。ただし、焼きたてのカリッとした食感をキープするのは難しいでしょう。

　　　残ったワッフルは完全に冷まし、冷凍用のジッパー袋に入れて冷凍保存すれば1カ月は日持ちします。冷凍したものは、もう一度トースターで焼けば、手軽な平日の朝食になります。

イチゴのバックルケーキ、レモンとピスタチオのシュトロイゼルのせ
Strawberry Buckle with Lemon-Pistachio Streusel

でき上がり：直径23㎝の丸型ケーキ1台、6〜8人分　/　作業時間：45分
調理開始からでき上がりまで：1時間45分

ジェームスはブルーボトルにペイストリー部門があることを誇りに思っています。飲み物だけでなく、フードメニューも自分たちで作ることで、お客様が口にするものすべてに責任が持てるからです。

　実はジェームスはマフィンがあまり好きではなく「味気ないマフィン」と呼んでお店に置くことを嫌がっていました。しかしマフィンを朝食として好む方は多く、お店にいらっしゃるお客様もペイストリーケースにマフィンがないとわかると、がっかりされることが多かったのです。「朝食に食べるケーキ」として、マフィンの人気に改めて気づいた私は、これ以上マフィンなしではいけないと思い、決心しました。そして、バターを使ったフルーツケーキを、素敵なマフィン用の型に入れてお出しすることにしたのです。

　バックルケーキはアメリカに古くから伝わる伝統的なデザートです。フルーツ（ブルーベリーを使うことが多い）をたっぷり使ったケーキは、特にコーヒーのお供にぴったりです。バックル（ベルトのバックル、または熱で曲がるという意味）ケーキという名前の由来は、フルーツとシュトロイゼルをケーキの上にたっぷりとのせることで、オーブンで焼く間に、その重みでケーキの真ん中が沈み、ケーキの表面がフルーツとシュトロイゼルでできた渓谷のように見えることからだそうです。実際、ベルトのバックルが熱で曲がるところを見たことはありませんが、家で作るときは、大きなホールケーキにして、表面のシュトロイゼルの変化を楽しみます。ジェームスにも、マフィンではなく、コーヒーのお供になるケーキだと納得してもらえました。

材料の代用：季節ごとに、さまざまなフルーツで作ったバックルケーキがペイストリーケースに並びます。例えば、春は伝統的なブルーベリーのバックルケーキにバニラとアーモンドのシュトロイゼル、夏はラズベリーとピーチのバックルケーキにレモンとピスタチオのシュトロイゼルをのせます。秋にはかぼちゃのケーキにスパイスを加えくるみのシュトロイゼルも美味しく、冬ならばローストしたマンダリンオレンジのケーキにピーカンナッツのシュトロイゼルもよく合います。代用するフルーツは、イチゴと同量にしてください。ピスタチオをほかのナッツ類に代える場合は、シュトロイゼルに柑橘系の皮を少量加えて、香りづけをします。フルーツをかぼちゃに代える場合は、ピューレ状にしたかぼちゃ（p.147の付記参照。冬季にとれる他のウリ科の野菜でもOK）150gを使用し、生地に砕いたナツメグとシナモンを小さじ1/4ずつ加えます。

シュトロイゼル
無塩バター（冷蔵庫から出したもの）……85g
中力粉……140g
砂糖……100g
コーシャーソルト……小さじ¾
レモンの皮のすりおろし……1個分
殻つきピスタチオ（粗く砕いた無塩のもの）……76g

ケーキ
中力粉……140g
ベーキングパウダー……小さじ1
無塩バター（室温に戻したもの）……156g
砂糖……150g
コーシャーソルト……小さじ¾
卵……2個（100g、室温に戻したもの）
バニラエクストラクト……小さじ1
イチゴ（一口大に切っておく）……133g

シュトロイゼルの作り方

無塩バターを小さく切り分けて、室温に5分ほどおきます。

ボウルに中力粉、砂糖、コーシャーソルトとレモンの皮を入れ、バターを加えて、スタンドミキサーで粗いビーチの砂粒くらいになるまで2分ほどかき混ぜます。ピスタチオを加え、生地が少しくっつき、砂利ほどの塊ができるまで続けます。このとき生地が1つの塊にならないようにしてください。シュトロイゼルをすぐに使わない場合は、密閉容器に入れることで、冷蔵庫で3日間、冷凍庫で1カ月まで保存できます。

ケーキ生地の作り方

オーブンを175℃に予熱しておきます。直径23cmのバネ式ケーキ型を用意し、内側と底に分量外のバターを塗って、小麦粉をはたいておきます。

中力粉とベーキングパウダーを合わせてからふるいにかけ、ボウルに入れます。

スタンドミキサーを低速に設定し、バターがなめらかになるまで1、2分すり潰します。そこに砂糖とコーシャーソルトを加え、低速のまま全体をよく混ぜます。次に中速に設定したミキサーで生地が軽くふっくらとするまで4、5分さらに混ぜます。

別のボウルに卵とバニラエクストラクトを入れ、泡立て器で勢いよく混ぜます。

スタンドミキサーにビーターをつけて中速に設定し、バターが入ったボウルの中に、卵をゆっくりと一定の速度で流し入れながら、30秒ほど生地がなめらかになるまで混ぜ、さらに30秒ほど混ぜます。

ゴムベラでボウルの内側についた生地をきれいにはがしながら、ふるいにかけておいた粉類をボウルに加えます。ミキサーを低速にし、生地が1つの塊になるまで混ぜます。生地にフルーツを入れたら均一になじむようにヘラでやさしく混ぜます。

ケーキを焼き、盛りつける

生地をケーキ型に流し入れ、パレットナイフまたはヘラで表面をならし、シュトロイゼルを均一にのせていきます。シュトロイゼルが完全に乾燥してキツネ色になり、ケーキ生地がしっかりと固まり、軽く押して弾力が出るまで、55～60分かけてオーブンで焼き上げます。30分くらい経ったら、ケーキ型をオーブンの中で反転させ、均一に焼き色がつくようにします。

ケーキ型のまま網にのせて30分ほど冷まし、その後ケーキを型から外します。温めるか、室温のままでお出ししましょう。密閉容器に入れて室温で、3日ほど日持ちできます。

付記：かぼちゃのピューレの作り方は、オーブンを190℃に予熱しておきます。ウリ科の野菜、ドングリカボチャやニホンカボチャなどを半分に切り、種とわたを取り出します。断面を下にして、油を敷いたベーキングシートの上に置き、ナイフで簡単に切れるように柔らかくなったら、45分間ほど焼きます。手でさわれるくらいまで冷ましたら、皮を外します。そのまま潰すかフードプロセッサーでなめらかにします。急ぐ場合は、少し風味は損なわれますが、缶入りの無糖のかぼちゃのピューレを使ってもいいでしょう。

スタウトコーヒーケーキ、ピーカンナッツとキャラウェイのシュトロイゼルのせ
Stout Coffee Cake with Pecan-Caraway Streusel

でき上がり：直径23㎝の丸型ケーキ1台、6〜8人分　/　作業時間：45分
調理開始からでき上がりまで：3時間45分

2009年に行われたブルーボトルのホリデーパーティーに、私の友人がスタウトビールとオーツ麦を使った、夢のように美味しいケーキを作ってきてくれました。彼女の名前はニコル・クラシンスキー。サンフランシスコの人気レストラン「ステート・バード・プロビジョンズ」（State Bird Provisions）のオーナーで、ペイストリーシェフでもあります。ブルーボトルのスタッフは、コーヒーオタクであると同時に、ビールにも目がない人が多く、このビールを使ったケーキは私がそれまで作ったどんなデザートよりも、その場を沸かせました。コーヒーの専門家であるスタッフがケーキを絶賛するのを見て「ビールとコーヒーは理想の組み合わせなのでは？」と感じました。そこで、早速ニコルに、このときのレシピを参考にしてお店で出すコーヒーに合うケーキを作りたいと話すと、彼女も喜んで賛成してくれたのです。

　私はどんなデザートにものせたくなるほど、シュトロイゼルが大好きなのですが、この複雑な味のケーキを引き立てるためには、どんな風味のシュトロイゼルを加えたらいいのか、とても悩みました。スパイスを入れた引き出しに向きあって考えるうちに、以前からデザートに使ってみたいと考えていた、美しいキャラウェイシードのことを思い出しました。「これだ！」とピンときたのです。でき上がったレシピは、ピーカンナッツの濃厚な香ばしさが、パストラミ・サンドイッチを思わせるキャラウェイシードの香りを引きたて、ブラウンシュガーがケーキにやさしい甘みを加えてくれる素敵な一品になりました。サンフランシスコでは「マグノリア ブリューワリー」（Magnolia Brewery）のスタウト・オブ・サーカムスタンス（Stout of Circumstance）、ニューヨークでは「ブルックリン ブリューワリー」（Brooklyn Brewery）のブラック・チョコレートスタウト（Black Chocolate Stout）など、地元産のビールを使用しています。このレシピには、ダークで濃いスタウトかポータービール、手に入るなら地元産のビールを使ってみることをお勧めします。

　オーツ麦とスグリの実は調理をはじめる前に2時間ほど、スタウトビールに浸しておく必要がありますので、あらかじめ準備をしておいてください。

シュトロイゼル
無塩バター（冷蔵のまま）……100g
中力粉……140g
グラニュー糖……50g
ブラウンシュガー（ライト）……54g
キャラウェイシード……小さじ2
コーシャーソルト……小さじ ¾
ピーカンナッツ（砕いたもの）……142g

ケーキ
スタウトビール……240㎖
オーツ麦フレーク（ロールドオーツ麦）……100g
スグリの実……100g
中力粉……210g
ベーキングソーダ（重曹）……小さじ1
無塩バター（室温に戻したもの）……113g
グラニュー糖……200g
ブラウンシュガー（ライト）……217g
コーシャーソルト……小さじ1 ¼
卵……2個（100g、室温に戻したもの）

シュトロイゼルの作り方

バターを小さく切り分けて、室温に5分ほどおきます。

　　　ボウルに中力粉、グラニュー糖、ブラウンシュガー、キャラウェイシード、コーシャーソルトを入れ、バターを加えて、スタンドミキサーで粗いビーチの砂ぐらいになるまで2分ほどかき混ぜます。ピーカンナッツを加え、生地が少しくっつき、砂利ほどの塊ができるまで続けます。このとき生地が1つの塊にならないようにしてください。シュトロイゼルをすぐに使わない場合は、密封容器に入れて、冷蔵庫で3日間、冷凍庫で1カ月は日持ちします。

ケーキ生地の作り方

作業をはじめる前に、オーツ麦とスグリの実をボウル、またはフタのついた容器に入れ、スタウトビールを注いで混ぜ、室温で2時間ほど浸しておきます。

　　　2時間経ったらオーツ麦とスグリの実を取り出し、残りの液は容器のまま取っておきます（この作業は前日に準備することも可能です。その場合は2時間浸したあと、オーツ麦とスグリの実を取り出し、液体と別にフタのついた容器に入れ、冷蔵庫で保存します）。

　　　オーブンを175℃に予熱し、バネ式のケーキ型の内側と底に分量外のバターを塗り、小麦粉をはたいておきます。

　　　中力粉とベーキングソーダを合わせてからふるいにかけ、ボウルに入れます。

　　　スタンドミキサーにビーターをつけて低速に設定し、バターがなめらかになるまで1、2分すり潰します。そこにグラニュー糖とブラウンシュガー、コーシャーソルトを加え、低速のまま全体が均一になるように混ぜます。中速に設定したミキサーで、生地が軽くふっくらとするまで4、5分さらに混ぜます。

　　　別のボウルに卵を割り入れ、白身と黄身が均一に混ざるまで泡立てます。

　　　中速に設定したスタンドミキサーで、バターの入ったボウルの中に、卵をゆっくりと一定の速度で流し入れながら、30秒ほど生地がなめらかになるまで混ぜ、さらに中速で30秒混ぜます。

　　　ボウルの内側についた生地をゴムベラできれいにし、ふるいにかけておいた粉を3回に分けて加え、さらにオーツ麦とスグリの実を浸していたスタウトビールを、最初と最後の2回に分けて加えます。すべての材料が混ざったら、オーツ麦とスグリの実を生地に入れ、均一になるようゴムベラを使ってやさしく混ぜます。

ケーキを焼き、盛りつける

生地をケーキ型に流し入れ、パレットナイフまたはヘラで表面をならし、シュトロイゼルを均一にのせていきます。シュトロイゼルが完全に乾燥してキツネ色になり、ケーキ生地がしっかりと固まり、軽く押して弾力が出るまで、55～60分かけてオーブンで焼成します。30分くらい経ったら、ケーキ型をオーブンの中で反転させ、均一に焼き色がつくようにします。

　　　ケーキ型のまま網にのせて30分ほど冷まし、その後ケーキを型から取り外します。温めるか、室温のままでお出ししましょう。密封容器に入れて室温で、3日ほど日持ちします。

ポーチドエッグトースト
Poached Eggs on Toast

でき上がり：2〜4人分　/　作業時間：15分
調理開始からでき上がりまで：15分

ブルーボトルを創業してから最初の6年間、私たちの店舗は、ファーマーズマーケットの一角やヘイズバレーのキオスクなど屋外のスタンドのみで、いわゆる"立ち飲みスタイル"のお店でした。サンフランシスコの歴史的な建物「ミントビルディング」の裏にあるダイシーストリートに、はじめてカフェをオープンする計画が持ち上がったとき、ジェームスは日本製のコーヒーメーカーを備え、ポーチドエッグがのったトーストなどの軽食がある、洗練されたカフェをイメージしていました。そしてジェームスのイメージは、見事に成功を収めました。今でも、このカフェの小さなキッチンに置かれた2つのコンロと1台のオーブンは、私たちが思い描いていた以上に、大量のポーチドエッグを作り続けています。このカフェをオープンしてからの3年間で、シェフのアンヘルとエンリケのアルグエロ兄弟が作ってくれたポーチドエッグの数は推定6万皿。それをあの簡素なキッチンで、毎回、完璧に作ってくれていたのです。彼らの作り方は、お湯が沸騰したら直後に火を止め、その中でポーチドエッグを作る方法です。これならお湯の温度を心配する必要もありません。注意すべきポイントは、お湯の中に卵を一度に入れ過ぎないこと。入れ過ぎてしまうと、お湯の温度が下がってしまい、うまく固まらなくなります。

ポーチドエッグ
卵……4個
ホワイトビネガーまたはワインビネガー……小さじ2
コーシャーソルト……適量

バター（室温に戻したもの）……適量
トーストした厚切り食パン……2〜4枚
黒コショウ（挽きたてのもの）……適量

卵は1つずつ、小さい器かココットに割り入れます。
　　フタがきちんと閉まる大きい鍋に、10cmの深さになるよう水を入れ、ビネガーとコーシャーソルトをひとつまみ加えて火にかけます。沸騰したら火を止め、卵を崩さないようにそっと入れます。それぞれの卵が、5cm以上離せるよう、入れる卵の数を調整してください（もし鍋の大きさが十分でなければ、卵を一度に入れずに順々に調理しましょう。卵を新たに入れる場合は、水も入れ替えてください）。フタを閉め、卵の白身に火が通って黄身が半熟状態になるまで、3分から3分30秒ほどおいておきます。穴のあいたお玉でそっと卵をすくい、水気をよく切ります。
　　トーストにバターを塗り、卵を1つか2つのせ、コーシャーソルトと黒コショウで味つけして、できたてをお出ししましょう。

付記： ミントプラザ店では、ベイエリアにある「アクメ ブレッド カンパニー」(Acme Bread Company) の食パンを使用しています。シンプルなパンを厚めにスライスして軽くトーストすると、外はカリっと中は柔らかく焼き上がります。このレシピには、地元のベーカリーで買える新鮮な食パンかフランスパンを使うのがお勧めですが、どのようなパンでも大丈夫です。

カタランエッグの野菜炒めとトマトソース添え
Catalan Eggs with Braised Greens and Tomato Sauce

でき上がり：4人分　/　作業時間：50分
調理開始からでき上がりまで：50分

ポーチドエッグトーストに加え、ミントプラザ店ではもう1つ、ポーチドエッグを使った季節のメニューを提供しています。このレシピは冬になると、私たちの息子ダニエルが好んで食べる一品。8歳の子どもが野菜をパクパク食べてくれる姿は、親にとって何とも嬉しい光景です。

トマトソース
エクストラバージンオリーブオイル……大さじ1
ニンニク（みじん切りにする）……1かけ
缶詰のトマトピューレ……400g
またはトマトをピューレ状に潰したもの（355㎖）
コーシャーソルト……適量
黒コショウ（挽きたてのもの）……適量

野菜
エクストラバージンオリーブオイル……60㎖
無塩バター（室温に戻したもの）……小さじ2
フダンソウ、チコリー、ケール、エンダイブ、または4種類を合わせたもの……680g（2.5cmの厚さにリボン状にカットしておく）
コーシャーソルト……適量
黒コショウ（挽きたてのもの）……適量
ポーチドエッグ（p.152参照）……4個
パルメザンチーズ、またはペコリノ・ロマーノ、イディアサバルなどのハードチーズ（すりおろしたもの、仕上げ用）……適量

トマトソースの作り方
中型のフライパンにオリーブオイルを入れ、中弱火にかけます。ニンニクを加え、香りが立つまで30秒ほど炒めたらトマトピューレを加え、ときどきかき混ぜながら、酸味より甘味のほうが強くなるまでトマトを煮込みます。缶詰のトマトピューレなら20分ほど、トマトから作ったピューレなら10分ほどです。最後にコーシャーソルトと黒コショウで味を整えます。

野菜の作り方
大型の鍋にオリーブオイルとバターを入れ、中強火にかけ、油がはねないよう注意しながら、野菜を入れてください。何種類かの野菜が入ったミックスグリーンを使うなら、ケールなど固い葉のものを先に入れ、フダンソウなど柔らかいものは1、2分経ってから加えます（エンダイブは火の通りが早いので、さらにあとから加えます）。順に野菜を加えて火が通ったものから脇によせながら、均一に火が通るように炒めます。さらに5〜7分、野菜の葉が濃いグリーンになり、芯は残りつつもしんなりとした状態になるまで炒めたら、コーシャーソルトと黒コショウで味を整えます。

盛りつけ
炒めた野菜を4等分して、鳥の巣のように盛りつけ、中央にポーチドエッグをのせます。軽くコーシャーソルト、黒コショウをふり、さらにその上からトマトソースをかけ、最後にチーズのすりおろしをふりかけ、熱いうちにお出ししましょう。

ブルーボトルベネディクト
Blue Bottle Benedict

でき上がり：4人分　/　作業時間：45分
調理開始からでき上がりまで：45分

ミントプラザ店のメニューに加えるべく、ブルーボトルバージョンのベネディクトを作りました。イングリッシュマフィンの代わりに「アクメブレッド」（Acme Bread）の白パンを、オランデーズソースの代わりにベシャメルソースを使っています。個人的には、少し酸味のある濃厚なオランデーズも好きなのですが、メニューに使っている「プレイザー ランチ ミート カンパニー」（Prather Ranch Meat Company）のメープルハムは、グレービーのようなベシャメルのほうが相性は良かったので、そちらを選びました。ソースは数時間前に作っておくことも可能です。室温において、使う直前に軽く温めましょう。

ベシャメルソース
無塩バター（室温に戻しておく）……大さじ5
エシャロット（みじん切りにしたもの）……198g
白ワイン……大さじ1
牛乳（成分無調整）……240ml
ハーフ＆ハーフ（牛乳とクリームを混ぜた乳製品）……240ml
ベイリーフ……1枚

コーシャーソルト……適量
黒コショウ（挽きたてのもの）……適量
中力粉……小さじ1½
手作りのパン（4cmの厚切り、トーストする）……4枚
ハム……4枚
グリュイエールチーズ（仕上げ用に削っておく）……57g
ポーチドエッグ（p.152参照）……8個

ベシャメルソースの作り方
中型の厚手鍋に無塩バター大さじ3を入れ、中弱火の火にかけて溶かします。エシャロットを加え、香りが立ち透明になるまで、3〜5分ほど炒めたら、ワインをまわしかけ1〜2分かけてアルコールを飛ばします。牛乳とハーフ＆ハーフ、ベイリーフを加え、コーシャーソルト、黒コショウを加えたら、全体を混ぜながら沸騰直前まで火にかけます。牛乳が分離したり沸騰したりしないように温度に気をつけましょう。沸騰直前に弱火にし、ときどきかき混ぜながら、エシャロットの香りが牛乳に移るまで、さらに10分ほど煮込みます。目の細かいこし器で漉し、別の器にとっておきます。

　　同じ鍋に残りの無塩バター大さじ2を入れ、中弱火にかけ、バターの水分がすべて飛ぶまで5分ほど加熱します。そこに中力粉を混ぜながら加え、生地がなめらかなペースト状になって表面がきつね色になるまで、3〜4分煮つめます。このとき焦がさないように注意してください。先ほど漉した液体を、ゆっくりとかき混ぜながら加えます。牛乳を早く入れ過ぎたり、十分にかき混ぜていないと、ソースにうまくとろみがつかないので注意しましょう（もしとろみが足りない場合は、少し火にかけてかき混ぜ、火からおろします）。最後にコーシャーソルトと黒コショウで味を整えます。

盛りつけ
トーストを皿にのせ、ハム1枚とポーチドエッグ2個をのせます。上からベシャメルソースを均一にかけ、グリュイエールチーズ小さじ2をふりかけたら、アツアツのままお出ししましょう。

コーヒーに浸して召し上がれ

サフランとバニラのスニッカードゥードル / 158
ジンジャーとモラセスのクッキー / 161
ダブルチョコレートクッキー / 164
ゴマとアブサンを加えたシガレットクッキー / 166
ピゼッタ風ビスコッティ / 169
マドレーヌ / 172
パリ風チョコレートマカロン / 175
オリーブオイルとローズマリーのショートブレッド / 181
フェンネルとパルメザンチーズのショートブレッド / 184

サフランとバニラのスニッカードゥードル
Saffron-Vanilla Snickerdoodles

でき上がり：大型のクッキー 9 枚分　/　作業時間：30 分
調理開始からでき上がりまで：4 時間

一般的なスニッカードゥードルは、シナモンと砂糖をまぶし、クリームオブターターを加えたプレーンなクッキーです。でも私たちのスニッカードゥードルは、伝統的なものとは明らかに違う一品。サフランとブラウンシュガー、バニラを使っているのでバタースコッチのような風味を持ち、中は柔らかく歯応えがあり、きつね色に焼き上がります。実は「スニッカードゥードル」という名前は、人目を惹いて売り上げを伸ばすためにつけてしまったもので、私はもともと、このレシピを「バニラとサフランのクッキー」と呼んでいました。しかし、その名前ではお客様に興味を持ってもらえませんでした。デザートにサフランが入っているということに抵抗を感じる人が多いのではないかと考え、サフランへの違和感をなくし「試してみたい！」と思っていただけるよう、人々に馴染みのある名前を無理やりつけたというわけです。これは大正解でした。ただ今、私が気になっているのは、スニッカードゥードルの愛好家たちに私のたわいない嘘がばれたとき、どう説明したらいいのでしょう……。

材料の代用：バニラビーンズの代わりに、倍量のバニラエクストラクトを使うこともできます。

サフラン……約 30 本
（パウダー状で小さじ 1/8 分：p.160 付記参照）
バニラビーンズ……½ 本
牛乳……大さじ 2
中力粉……280g
ベーキングソーダ（重曹）……小さじ 1

無塩バター（室温に戻したもの）……113g
グラニュー糖……100g
ブラウンシュガー……109g
コーシャーソルト……小さじ 1
卵……1 個（50g、室温に戻したもの）
バニラエクストラクト……小さじ ½

サフランをすり鉢、またはスパイス用グラインダーを使ってパウダー状にします。包丁で細かいみじん切りにしても OK です。細かくするほど、サフランの色と香りがクッキー生地で広がります。

　　バニラビーンズを半分に切り、種をこそげ取り、小鍋に入れます。バニラビーンズのさやと牛乳、サフランを加え、弱火にかけます。沸騰直前の泡が立ちはじめる 82 〜 88℃くらいの温度に保ち、牛乳が明るい黄色になるまで、10 分ほど温めます（材料をすべて電子レンジ用の容器に入れ、牛乳が熱くなるまで 20 〜 30 秒、加熱しても構いません）。

　　中力粉とベーキングソーダ（重曹）をふるいにかけ、中型のボウルに入れます。スタンドミキサーにビーターをつけて低速に設定し、無塩バターがなめらかになるまで 1 〜 2 分すり混ぜたら、グラニュー糖、ブラウンシュガー、コーシャーソルトを加え、低速でよく混ぜます。ミキサーを中速に設定し、軽くフワフワになるまで、さらに 4 〜 5 分混ぜます。

　　鍋からバニラビーンズのさやを取り出し、さやについた牛乳を絞り鍋に戻します。中型のボウルに、温めた牛乳、卵、バニラエッセンスを入れ、泡立て器でよく混ぜます。

　　中速に設定したハンドミキサーで、牛乳が入ったボウルの中身が均一でなめらかになるまで、ゆっくりと

一定の速度で、さらに30秒ほど混ぜます。

そこにふるいにかけた粉類を混ぜていきます。生地が1つの塊になるまで、ゆっくりと混ぜ合わせます。

ゴムベラで、生地を密封容器に移します。空気が入らないようにラップで包んでもOKです。容器を布などで包み（ラップの場合は、生地を丸い円盤型に整えて包みます）、冷蔵庫に入れ、最低3時間、最長で5日間ほどねかせます。

オーブンを175℃に予熱します。ベーキングシート、またはシリコン製マットを天板に敷きます。ねかせた生地から1/4カップ（60ml）くらいの分量を取りボール状に丸め、生地と生地の間を少なくとも5cmは空けてベーキングシートに並べていきます（違うサイズのクッキーを作りたい場合は、p.162参照）。

表面がきつね色になるまで、焼きすぎに注意しながら約16分焼きます。途中8分ほど経ったら、クッキーが均一に焼けるように、天板を反転させます。クッキーが膨らみ、真ん中がわずかに柔らかい状態で、オーブンから出したときに中心が少しへこむくらいが、ちょうど良い焼き加減です（電気オーブンを使った場合、オーブンから出したときに中心がへこみます）。中心がへこまなくても、味は変わらないのでご心配なく。

天板にのせたまま10分ほど冷ましたら、天板から外します。

焼きたての粗熱がとれた頃が一番美味しくいただけます。密封容器に入れておけば、室温で2日間ほど保存できます。焼く前の生地は、冷蔵庫で5日間保存できるので、食べる分だけその都度焼いたほうが、美味しくいただけます。

付記： サフランは、料理の香りづけに使われる香料です。このクッキーを食べながら、スペイン料理のパエリアが思い浮かぶ、なんていう状況にならないよう、加えるサフランの量は慎重に。ほんのわずかな違いで、サフランは素晴らしい香りづけにもなるし、逆に強すぎてクッキーの味を損ねてしまうことにもなりかねません。ちょうど良い量のサフランは、クッキーを美しい黄色に色づけ、サフランとは思えない、ほんのりとしたはちみつの風味を与えてくれます。

ジンジャーとモラセスのクッキー
Ginger-Molasses Cookies

でき上がり：大型のクッキー 9 枚分　/　作業時間：30 分
調理開始からでき上がりまで：4 時間

私のメンターでもある父は、大の甘党。真夜中に突然甘いものを食べたくなったときのために、ベッドルームにたくさんのクッキーを隠し持っていました。父のクッキーコレクションの中で私が狙っていたのが、ナビスコ社のジンジャースナップ。私が 5 歳の頃、一番食べてみたかった魅力的な大人のクッキーでした。正しいかどうかは別として、クッキーを牛乳に浸して食べるとスパイシーでとびきり美味しい、という記憶が 30 年経った今でもしっかりと残っています。

とにかくジンジャースナップが大好きなので、お店用にも歯応えのあるジンジャークッキーのレシピを作りたいと思っていました。ケーキとは違うしっとりとした歯応えのある理想的な生地を作るために、モラセス（糖蜜）をたっぷりと加え、卵を使いませんでした。クリスマス用のスパイスにも少し飽きていたので、ポピュラーなグリーンカルダモンの代わりに選んだのが、スモークされたブラックカルダモン。ブラックカルダモンには、キャンプファイアーを彷彿とさせる素朴な香りがあります。でも単独ではショウノウのような風味が強いので、味に深みを加えるためにココアパウダーも少しだけ加えました。あくまでも香りづけとして、チョコレート味にならない程度に。このレシピは 2 種類のショウガが入っていて、黒コショウも使用しているので、かなりスパイシーです。複雑で洗練された味は何とも魅力的で、私は父のクッキーコレクションから内緒でジンジャークッキーを頂戴していた、5 歳の少女だった頃の気持ちを思い出しました。

材料の代用： かなりスパイシーなクッキーですが、辛さと香りを控えることもできます。ショウガと黒コショウの量を半分に減らしても OK です。ぜひブラックカルダモンは使っていただきたいところですが、もし手に入らない場合は、砕いたクローブ小さじ 1/2 とグリーンカルダモン小さじ 1/4 を合わせても代用できます。ショウガ好きなら、さらに砂糖漬けしたショウガをみじん切りにして 50g ほど加えるのもいい方法。代用できないのが、モラセス。使用するのはライトなタイプで、別名バルバドス・モラセスといいます。モラセスの中で一番香りが柔らかいのが特徴です。他のタイプで代用すると、クッキーにしては、香りがきつくなりすぎます。

中力粉……280g
ココアパウダー……大さじ 1
ジンジャーパウダー……大さじ 1
ベーキングソーダ（重曹）……小さじ ¾
ブラックカルダモン（挽いたもの）……小さじ ¾
黒コショウ（挽きたてのもの）……小さじ ½

無塩バター（室温に戻したもの）……113g
生姜（すりおろしたもの）……小さじ 3
ブラウンシュガー（ライト）……109g
コーシャーソルト……小さじ ½
ライト・モラセス（糖蜜）……161g

中力粉とココアパウダー、ジンジャーパウダー、ベーキングソーダ、ブラックカルダモン、黒コショウをふるいにかけ、ボウルに入れます。

スタンドミキサーを低速に設定し、バターとすりおろした生姜をボウルに入れ、なめらかになるまで 1 〜

EAT / 161

2分ほど混ぜます。ブラウンシュガーとグラニュー糖、コーシャーソルトを加え、低速のままさらによく混ぜます。次に中速に変え、生地が軽くフワフワになるまで、さらに4〜5分ほど混ぜます。

モラセスを加えて均一になるまで混ぜたら、ボウルの内側についた生地をきれいにし、ふるった粉類を加えます。スタンドミキサーのビーターをつけて低速設定にし、1つの塊になるまでゆっくりと混ぜ合わせます。

ゴムベラで、生地を密封容器に移します。空気が入らないようにラップで包んでもOK。容器を布などで覆います。ラップで包む場合は生地を円盤型に整え、空気が入らないようにきっちりと包み、冷蔵庫で最低3時間、最長で5日間ねかせます。

オーブンを175℃に予熱します。ベーキングシート、またはシリコン製のマットを天板に敷きます。グラニュー糖（分量外）をバットに入れておきます。

ねかせた生地から1/4カップ（60㎖）くらいの分量を取り、ボール状に丸めて、表面にグラニュー糖をまぶします。生地と生地の間を少なくとも5㎝は空けて、ベーキングシートに並べていきます（違うサイズのクッキーを作りたい場合は、下のコラムを参照）。

表面にひび割れが入り、さわるとまだ柔らかいくらい、11〜13分かけて焼きます。途中6〜7分経ったら、クッキーが均一に焼けるように天板を反転させましょう。

天板にのせたまま10分ほど冷ましたら、クッキーを天板から外します。クッキーは冷めると固くなります。

このクッキーは作ったその日に食べてしまうのがお勧めですが、密封容器に入れて室温で2日間ほど日持ちします。焼く前の生地は、冷蔵庫で5日間ほど保存できるので、食べる分だけその都度焼いたほうが、美味しくいただけます。

クッキーのサイズ
COOKIE SIZES

ブルーボトルで焼くクッキーはいつも大きいサイズ。実際にお店で出している手作りクッキーは、本のレシピに表示してあるよりもさらに大きめで、1つ約60gあります。その理由は2つ。まだ私1人でペイストリー部門を切り盛りしていた頃は、作れるクッキーの数に限りがあったこと。そしてクッキーは大きければ大きいほど、外はカリッと、中はしっとりとした歯応えがあるように焼き上がり、2つの食感を一度に楽しめるからです。小さいクッキーは火が通りすぎて、全体がカリッとした固い食感になってしまいます。もちろん、小さいサイズでも作れますが、その場合、焼き時間に注意が必要です。生地すべてを焼いてしまう前に、1つか2つだけ、試し焼きしてみることをお勧めします。

スパイスとアルコール
SPICES AND ALCOHOL

ペイストリーのシェフが新しいレシピを開発するときは、たくさんの秘策を使います。デザートのデザインにこだわって、摩天楼のように背の高いケーキを作ったり、ファーマーズマーケットからインスピレーションを受けて、季節の材料や果物を揃えたり。人によっては、料理に使われる香辛料を手に取り、デザートと呼べるギリギリのチャレンジをして、新商品を開発したりします。

ブルーボトルのフードメニューを開発するうえで私が目指すのは、コーヒーにぴったり合うメニューを作ることです。コーヒーに合う風味、ということで私の秘策は必然的に、スパイスを入れたスパイスラックと、お酒を入れたアルコールキャビネットに行きつきます。もっと具体的に言うと「ル サンクチュエール」（Le Sanctuaire）のスパイスと「セント ジョージ スピリッツ」（St. George Spirits）のアルコール、この2つが頼りなのです。

サンフランシスコにある「ル サンクチュエール」はシェフの天国。高品質なスパイスだけでなく、めったに見つからないようなレアものも揃っています。以前は業務用の販売のみでしたが、現在はウェブサイトで一般向けの小売もはじめています。「セント ジョージ スピリッツ」はアラメダにある蒸留酒製造所。ブルーボトルのオークランドロースタリーと、マリーナを挟んだ向かいにあります。ブランデーの製造所として作られましたが、今ではウィスキー、ブランデー、ジンなども蒸留していて、ハンガー ワン ウォッカ（Hangar One Vodka）という商品が有名。大量生産はしておらず、高品質な材料を使い丁寧に蒸留酒造りをしています。幸いにも私は、この2つの素晴らしい場所に出入りさせてもらって、商品を試し、味見をして、香りを嗅ぎ、スタッフたちにしつこいくらいに質問をして、サンプルまで持って帰ることができる幸運に恵まれていました。

スパイスとアルコールの強みは、レシピを大きく変えなくても、デザートの風味を大きく変えられることです。伝統的なジンジャーブレッドのスパイスに飽きてしまったら、代わりにブラックカルダモンを使ってみる。バニラエッセンスの風味に飽きたら、ムーンシャイン（p.188参照）のボトルを開けてみる。それだけで、デザートそのものを大きく変えられるのです。

この本に掲載したレシピはもう、あなたのものです。ご自分の好みにどんどん変えていってください。ただし、まずはレシピ通りに作ってみてほしいのです。試行錯誤を繰り返して編み出された、お店でも人気のレシピですからそのまま試してみる価値はあります。そして次の段階で、ご自分の好みに合わせて、風味を変えていってください。私はプロですから、多くの方に好まれる味を作ることはできますが、もしかしたらあなたの好みは少し違うかもしれません。クッキーのレシピにあるバニラビーンズ1/2本では、十分な風味を感じられないかもしれませんし、「フルーツバックルケーキにシナモンが入っていたらいいのに」と思われるかもしれません。基本の材料の割合は変更せず、スパイスやアルコールを変えることで、あなた好みのレシピが簡単にでき上がるのです。

ダブルチョコレートクッキー
Double-Chocolate Cookies

でき上がり：大型のクッキー9枚分　/　作業時間：30分
調理開始からでき上がりまで：4時間

正直に言うと、私はチョコレートが少し苦手です。ブルーボトルのデザートを開発しはじめた頃、作ったペイストリーを実際にお店に出すまで、自分がチョコレートを使った商品を1つも作っていないことに気がつかなかったほどです。ただ、美味しいと思えるチョコレートとの出会いもありました。カリフォルニア大学サンタクルーズ校に通っていた頃、キャンパスのカフェで食べたチョコレート菓子もその1つ。それは甘くてバターがたっぷり使われていて、なかなか噛みきれないという特徴を持つ、古めかしいブラウニーでした。あまりほめ言葉になっていないかもしれませんが、このブラウニーから、ブルーボトルでもっとも人気があるダブルチョコレートクッキーが生まれました。

　このレシピを作るときに一番大事なのは、質の良いチョコレートを使うことです。ベイエリアのブルーボトルでは、素晴らしいチョコレートとキャンディーを作るサンフランシスコの伝説的なチョコレート職人、マイケル・ルチェッティが販売している大粒のチョコレートチップを使っています。ブルックリンのお店で使っているのは、マスト ブラザーズ（p.127参照）による最高級のチョコレートです。このクッキーを作るときは、質が良くて美味しいダークチョコレートのバーを割って使うことをお勧めします。少し苦みのあるチョコレートのほうが、砂糖の甘味を柔らげてくれて、クッキーにあの古びたブラウニーのような風味が加わります。生地に入っている、塩の粒のカリッとした食感も、このクッキーをやみつきの味にしてくれます。私もこのレシピのおかげで、昔よりもチョコレートが好きになったような気がします。

中力粉……140g
ココアパウダー……31g
ベーキングソーダ（重曹）……小さじ½
無塩バター（室温に戻したもの）……70g
砂糖……200g

マルドンのシーソルト（p.165参照）……小さじ1
卵……1個（50g、室温に戻しておく）
バニラエクストラクト……小さじ1
ダークチョコレート……100g
（カカオ含量62～70％のもの。粗く砕いておく）

中力粉とココアパウダー、ベーキングソーダを合わせてふるいにかけ、中型のボウルに入れます。

　スタンドミキサーのボウルにバターを入れ、低速のミキサーでなめらかになるまで1～2分ほど混ぜます。砂糖とシーソルトを加え、低速のままさらによく混ぜます。次にミキサーを中速に変え、生地の色が白っぽくなり、軽くフワフワになるまで、さらに5～6分ほど混ぜます。バターに対し砂糖の量が多いので、この生地は他のクッキーレシピのように軽い生地にはなりません。

　中型のボウルに卵とバニラエクストラクトを入れ、よく混ぜます。スタンドミキサーを中速に設定し、少しずつ卵液を加え、なめらかで均一な生地になるまで30秒ほど混ぜます。ボウルの内側についた生地をきれいにしながら、中速でさらに30秒ほど混ぜます。

　次に、ふるいにかけた粉類を加え、スタンドミキサーを低速にして生地が1つの塊になるまで混ぜます。ボウルの内側をきれいにしてからチョコレートを加え、低速のまま生地の全体が茶色になるまで混ぜます。

ゴムベラで生地を密封容器に移します。空気が入らないようにラップで包んでも OK です。容器を布など
で覆い、ラップの場合は生地を円盤型に整え、空気が入らないようにきっちりと包んで、冷蔵庫で少なくとも 3
時間、最長で 5 日ほどねかせます。

　　　オーブンを 175℃に予熱します。ベーキングシート、またはシリコン製のマットを天板に敷きます。

　　　ねかせた生地から 1/4 カップ（60㎖）くらいの分量を取ってボール状に丸め、生地と生地の間を少なく
とも 5㎝は空けて、ベーキングシートに並べていきます（違うサイズのクッキーを作りたい場合は、p.162 参照）。

　　　さわったとき多少固くなり、表面のツヤがなくなるまで 11 〜 12 分ほど焼きます。途中、6、7 分で、ク
ッキーが均一に焼けるよう、天板を反転させてください。

　　　天板にのせたまま 10 分ほど冷まし、その後、外します。クッキーは冷めると固くなります。

　　　このクッキーは焼きたての温かいうちに食べるのがお勧めですが、密封容器に入れれば室温で 3 日間は
日持ちします。焼く前の生地は、冷蔵庫で 5 日間ほど保存できるので、食べる分だけその都度焼いたほうが、美
味しくいただけます。

塩
SALT

私は塩味の絶妙なアクセントがきいたデザートが大好き
です。あくまで適量が大事で、多すぎてはダメ。甘味の
中に、わずかな塩味が際立つ意外性はとても魅力的です。
料理においても塩は下味に不可欠で、控えめながらも静
かに風味を支えてくれています。

　　ブルーボトルのキッチンでは、2種類の塩を使っ
ています。1つはコーシャーソルト。粒が大きくマイル
ドで、塩辛すぎない食卓塩です。もう1つはマルドンの
シーソルト。これは英国のエセックス地方で1882年か
ら作られている、結晶が美しい海の塩です。コーシャー
ソルトは実際コーシャー（ユダヤ教の食事規定に従って
作られた食品）ですが、肉をユダヤ教の規定に従って処
理するときに使うのは塩なので、塩は基本的にすべてコ
ーシャーです。このとき不可欠なのが、粒の大きい塩。
粒が大きければ肉の中に溶け込まず、表面にとどまって
食品を清め、あとから洗い流すことで塩辛さを取り除く

ことができます。私がコーシャーソルトを愛用する理由
も粒が大きく、溶けにくいからです。お菓子全体を塩辛
くしてしまうことなく、ひと口分に含まれる塩加減を調
節できます。コーシャーソルトが塩味を細かく調整でき
るのに対し、マルドンのシーソルトはお菓子全体の塩味
の調節が可能です。大きなクリスタルの粒は薄く繊細な
形をしていて、風味が驚くほどマイルドなのです。

　　どのレシピにどちらの塩を使うのかは、粒の大き
さで決めています。マルドンのシーソルトは結晶状で、
コーシャーソルトは砂粒状です。世の中にはたくさんの
種類の塩があり、レシピにこの2種類以外の塩を使うこ
ともあると思いますので、その場合は以下の分量を目安
にしてください。

　　粒が大きいシーソルト小さじ1＝中粒の食卓塩、
またはコーシャーソルト小さじ1/2＝粒の小さい食卓塩
小さじ1/4

ゴマとアブサンを加えたシガレットクッキー
Sesame-Absinthe Cigars

でき上がり：24枚分　/　作業時間：40分
調理開始からでき上がりまで：1時間

コーヒーに浸して食べると美味しいビスコッティスタイルのクッキーです。見た目が地味なせいか、いろいろな種類のデザートやチョコレートが並んだブルーボトルのショーケースの中では、つい見逃されがちな一品です。でも、目立たないからといって侮ることなかれ。このレシピはスタッフの中で実は一番人気です。

　このシガレットクッキーのレシピは私の友人のジーナ・ロッカノバの家に伝わる大切なレシピを元に作りました。オリジナルのレシピはイタリアのシチリア島出身であるジーナのおばあちゃんが作り上げたもの。それを現代風に作り変えたいと伝えたら、ジーナは当初、それほど乗り気ではありませんでした。私がそう思いついたのは、アニス・エッセンスがレシピに使われていることを知ったからです。そのとき、私の脳裏に「セントジョージ スピリッツ」のリキュール「アブサン」が浮かびました。たくさんのハーブを蒸留して作られるアブサン。米国では92年もの長い間蒸留が禁止されていましたが、2007年に解禁され、現在は主に、ニガヨモギ、アニス、フェンネルを使って作られています。向精神作用のあるお酒として依存性が強いため、アブサンには、オスカー・ワイルドの逢引からゴッホの耳切り事件まで、歴史上有名でスキャンダラスな逸話がつきまといます。もちろん、ジーナのおばあさんはそんなリキュールを使っていることなど、考えもしなかったでしょう。

　危ない印象のアブサンですが、レシピ自体は大成功。アブサンが入ったことで、ほのかな甘味と素朴なハーブの風味が加わり、おばあちゃんのレシピでは植物油だったのをエクストラバージンオリーブオイルに変えることにより、グリーンの香りとゴマがぴったり合う絶妙なレシピができ上がりました。問題はジーナが気に入ってくれるかどうかでしたが、もちろん彼女も大喜び！　彼女は「おばあちゃんのレシピよりこの新しいレシピのほうが好き」と私にこっそり伝えてくれました。もちろんそれは、おばあちゃん本人には内緒です。

材料の代用： アブサンは、シャルトリューズ、サンーブカなどアニスを加えたリキュールで代用できます。リキュールを使わない場合は、アニスの種小さじ1をすり、鉢などで砕いた粉類に加え、生地を丸めたらハケで表面に水を塗り、ゴマと一緒にアニスの種大さじ1も混ぜてまぶしつけましょう。

中力粉……245g
砂糖……100g
コーシャーソルト……小さじ 1 ¼
ベーキングパウダー……小さじ ¾

エクストラバージンオリーブオイル……80㎖
卵……2個（100g、室温に戻しておく）
アブサン……75㎖
白ゴマ……142g

オーブンを175℃に予熱しておきます。ベーキングシートを敷きます。
　中力粉と砂糖、コーシャーソルト、ベーキングパウダーを合わせてふるいにかけ中型のボウルに入れます。
　続いてエクストラバージンオリーブオイルを少しずつ加えて、コーンミールのような状態になるよう5分ほど手ですり合わせます。

生地の真ん中にくぼみを作り、卵を割り入れます。アブサン大さじ1を加え、すぐにフォークを使って勢いよくかき混ぜます。時間をおいてしまうとアブサンで卵が固まってしまうので、すぐに混ぜるようにしましょう。卵とアブサンが混ざったら、下にある粉類とも混ぜ、ゆっくりと全体を混ぜます。

　作業台に分量外の中力粉をふり、生地が白っぽくなり、表面がなめらかになって油分が完全に混ざるまで、3分ほどこねます。生地がくっつくようなときは、適宜中力粉をふりましょう。生地が油っぽかったり、表面がボコボコしているようなら、もう少しこね続けます。

　アブサン60㎖を小型のボウルに入れ、ゴマは浅い容器に入れておいてください。

　生地を4等分し、粉をふった作業台の上で、それぞれ46㎝ほどの長さの細長い棒状にのばし、6等分に切り分けます（1本が8㎝くらい）。切り分けたものをそれぞれボウルに入れたアブサンに浸し、表面にゴマをまぶしつけます。

　用意したベーキングシートに、1.3㎝くらいの間隔で、ゴマをまぶした生地を置きます。

　生地は白いままでゴマがきつね色になるよう、12分ほどかけて焼きます。途中6分くらいで生地が均一に焼けるよう、天板を反転させてください。天板にのせたまま10分ほど冷ましてから、クッキーを外します。

　温かいうちでも常温になっても、美味しく食べられます。完全に冷ましたら、密封容器に入れて室温で2日間ほど保存できます。

ピゼッタ風ビスコッティ
Biscotti Pizzetta

でき上がり：36 個分　/　作業時間：45 分
調理開始からでき上がりまで：2 時間 30 分

「ピゼッタ 211」（Pizzetta211）は、サンフランシスコ近郊のリッチモンド地区にある、24 席しかない小さなピザレストランで、私たちの息子、ダニエルの一番のお気に入りです。クラッカーのように薄焼きのピザとココットに入ったおつまみオリーブは、彼が小さい頃からの馴染みの味です。このお店はブルーボトル設立当初からの取引先でもあり、おつき合いが始まった当初から、ジェームスはここのサフランのビスコッティに夢中になっていました。ピザを食べたあと、白ワインとともにこのビスコッティをいただくと、何とも美しいディナーの締めくくりになるのです。

　ブルーボトルのためにこのビスコッティを作ってくれないかと何年もかけてピゼッタを説得した結果、彼らはヘイズバレーのキオスクに、毎週ビスコッティを少しずつ卸してくれるようになりました。でも悲しいことに（彼らにとっては嬉しいことに）「ピゼッタ」でのビスコッティは大人気商品となり、しばらくすると、ブルーボトルの分まで焼くことができなくなってしまいました。お店のオーナー、ジャック・マーフィーはブルーボトルに毎週ビスコッティを卸せなくなった代わりに、私をお店のキッチンに招き、このデリケートな風味の柔らかいビスコッティの作り方を教えてくれました。これはなかなか楽しい経験でした。サーフィンを終えて戻ってきたばかりの彼は、濡れた髪のまま。海の神ならぬピザの神のように、「これをひとつまみね、それはちょっと多め、ほら、やればわかるよ」という具合に、素晴らしくリラックスした雰囲気でレシピを伝授してくれました。一方で私は、計量器ですべてを細かく量っては、必死にメモを取り、リラックスどころではありません。でもそのメモのおかげで、レシピは彼らの"直感的で自由な"ビスコッティに極めて近いものになりました。このビスコッティは今、ブルーボトルのすべての店舗でお出ししています。

　　サフラン……30 本
　　（挽いて小さじ 1/8、p.160 付記参照）
　　卵……1 個（50g、室温に戻しておく）
　　砂糖……100g
　　アーモンド……40g

　　中力粉……140g
　　コーシャーソルト……小さじ ½
　　ベーキングソーダ（重曹）……小さじ ¼
　　卵白……1 個分（31g）

オーブンを 175℃に予熱しておきます。ベーキングシートを天板に敷きます。サフランをすり鉢、またはスパイス用グラインダーを使ってパウダー状にします。包丁で細かいみじん切りにしても OK です。細かくするほど、サフランの色と香りがクッキー生地に活きてきます。

　小型のボウルに、卵とサフラン、砂糖を入れ、なめらかになるまで泡立て器で混ぜ、10 分ほどねかせます。

　アーモンドを半分は細かい粒、もう半分は粗い粒が残るくらいに砕きます（フードプロセッサーで砕いてもよい）。

　スタンドミキサーを低速に設定し、中力粉とコーシャーソルト、ベーキングソーダをボウルに入れ、全体が均一になるようによく混ぜます。そこに卵液も加え、粉類がしっとりするまで混ぜます。ミキサーを中速に変

え、5分ほど全体をよく混ぜたら少しずつアーモンドを加え、均一に混ぜます。

　　作業台にたっぷりと分量外の中力粉をふり、生地をのせます。適宜粉をふりながら、手のひらに生地がくっつかなくなるまで、2分ほどよくこねます。

　　生地を2等分し、それぞれの生地を38cmくらいの棒状にのばします。天板にのせ、軽く押しながら平らにします。

　　小型のボウルに入れ、卵白をフワフワになるまで泡立てます。生地の表面をすべて覆うように、卵白を均一に塗っていきましょう。

　　表面が固くなり、卵白がきつね色に色づくまで18〜20分ほど焼きます。

　　オーブンから取り出し、10〜15分ほど冷まします。この間にオーブンの温度設定を107℃に下げ、一度軽くドアを開けて熱気を出します。

　　焼き上がったビスコッティをまな板にのせ、よく切れるケーキ用ナイフで、厚さ6mm、長さ10cmほどに斜めに切ります。カットした面を上にしてベーキングシートの上に置き（それぞれがくっつくくらい、詰めて置いてよい）、オーブンに戻して、表面が乾燥するまで焦げないよう注意しながら1時間15分ほど焼きます。

　　天板にのせたまま室温まで完全に冷ましてから、クッキーを外しましょう。

　　密封容器に入れれば、室温で2週間ほど日持ちします。

マドレーヌ
Madeleines

でき上がり：大きめのマドレーヌ 16〜18個分　/　作業時間：45分
調理開始からでき上がりまで：5時間

毎年7月10日になると、ジェームスは私に「マドレーヌを作ってくれる？」と言います。7月10日はジェームスにとって人生でもっとも影響を受けた人物、マルセル・プルーストの誕生日。でも私ときたら、毎年それを忘れてしまいます。ですからこのレシピは、プルーストの偉業を称えられなかった私からの償いであり、ジェームスへのラブレターです。マルセル・プルースト『失われた時を求めて』の第1篇『スワン家のほうへ』に登場するプチット・マドレーヌを美しく記述した486文字。このレシピはその一節にインスパイアされています。

　　　裾広がりで真ん中が膨らんだ、あのマドレーヌの独特の形を作るポイントは、型を冷やしておくこと、そして完全に室温に戻したバターを使用することの2つです。マドレーヌは上手く仕上げるのに慎重を要するので、まずは1個か2個焼いてみて、オーブンとマドレーヌ型がどんな状態のとき上手く仕上がるのか、試してみることをお勧めします。小さいマドレーヌ型も使えます。型1つにつき、流し入れる生地の量はだいたい小さじ1/2程度。焼き時間も8分くらいででき上がります。生地の量と焼き時間もまずは1個か2個で試してみて、コツをつかんでから全部を焼き上げるといいかもしれません。

材料の代用：ライムの代わりに、違う種類の柑橘類を使うことも可能です。私は『スワン家のほうへ』に出てくる、叔母が淹れたライムブロッサムのハーブティーに主人公がマドレーヌを浸すシーンに忠実でいたいため、ライムを使用しています。

　　無塩バター……85g
　　ライムの皮（細かくすりおろしたもの）……1個分
　　中力粉……105g
　　ベーキングパウダー……小さじ1

　　コーシャーソルト……小さじ 1/4
　　卵……2個（100g）
　　砂糖……100g
　　はちみつ……小さじ2

室温に戻したバターを中型のボウルに入れます。ライムの皮を入れ、冷やします。

　　　中力粉とベーキングパウダー、コーシャーソルトを合わせてふるいにかけ、中型のボウルに入れます。

　　　中型のボウルに卵と砂糖、はちみつを入れ、湯せんで溶かして混ぜ合わせます（底がお湯に触れないように気をつけましょう）。ミキサーでよく混ぜたあと、砂糖が溶けて全体が54℃くらいになるまで温めます。次にスタンドミキサーに泡立て器をつけ高速に設定し、3倍の量になるまで10分ほど勢いよく泡立てます。

　　　粉類の1/3をふるいながらボウルに入れ、ゴムベラでそっと混ぜ合わせます。粉が見えなくなるまで、それをもう2回繰り返します。

　　　冷えたバターが入ったボウルの中に60㎖だけ生地を入れ、バターの色が完全に生地になじむまでよくかき混ぜます。生地がよく混ざり、色が均一になめらかになるまで、ヘラを使って生地をたたむように混ぜ合わせてください。

空気が入らないように生地をラップできっちりと包み、冷蔵庫で最低4時間、最長で3日ほどねかせます（理想的には12時間）。

　マドレーヌ型2個（または16〜18個のマドレーヌが焼ける分だけ）に分量外のバターを塗って、分量外の中力粉をふり、冷蔵庫で冷やしておきます。

　オーブンは205℃に予熱します。

　マドレーヌ型1つにつき、小さじ1杯分の生地をすくい、ボール状にして型の中央に置きます。オーブンが十分に温まるまで、生地ごと冷蔵庫に入れておきましょう。

　テフロン加工のマドレーヌ型なら9分、アルミ製の型なら12分ほど、マドレーヌがきつね色になり、真ん中の盛り上がった部分を軽く押して抵抗を感じるくらいまで焼き上げます。半分くらい焼けたところで、焼き上がりが均一になるよう、型を反転させます。

　オーブンから出し、型に入れたまま5分ほど冷ましたら、型をひっくり返してマドレーヌを外します。

　マドレーヌは焼きたての温かいうちが一番美味しくいただけます。ラップをしておけば室温で1日は保ちます。密封容器に焼く前の生地を入れ（生地の表面をラップできっちりと覆っておく）、冷蔵庫で3日ほど保存することもできます。生地を保存しながら、食べる量だけその都度焼いたほうが、美味しくいただけます。

パリ風チョコレートマカロン
Chocolate Parisian Macarons

でき上がり：約 28 個　/　作業時間：1 時間
調理開始からでき上がりまで：2 時間 20 分

ジェームスと私が、ダウンタウンバークレーのファーマーズマーケットに店を出していたことはすでにお話ししました。彼はコーヒーを売り、私はケーキを売って、肩を並べて仕事をしていました。その頃私は、パリにはじめて旅行したときに食べたマカロンにはまり、パリ風マカロンのレシピ開発に夢中になっていました。私が美しいマカロンを作るうえで心に決めていたのは、オーガニックの材料を使うこと、カラフルなマカロンには不可欠な合成着色料を一切使わないこと、材料に使用するアーモンドの質感をより強く感じられるレシピを作ることでした。加工済みのアーモンドの粉を使う代わりに、私はファーマーズマーケットでお隣に出店していたアーモンドとブドウを栽培している地元の農業経営者ジョン・ラジーアからアーモンドを購入して使うことにしました。毎週、大失敗をしたり、微妙に進歩しながら何度もマカロンを作っては、ファーマーズマーケットに持っていき、ジェームスに試食をしてもらいました。何カ月も試行錯誤を続けたある日、30 分の休憩時間に、ついに自分にとって完璧なマカロンを彼に食べてもらうことができたのです。思わず、嬉しくて小躍りしてしまいました。あのときの彼の反応は、今でもはっきりと覚えています。目を閉じ、少しため息をつくジェームス。感想を言葉にできないまま、袖をまくり腕に鳥肌が立っていることを私に見せてくれたのです。「ついにやった！」と思った瞬間でした。

　　　　パリ風マカロンは上手に作れるようになるまで非常に苦労したお菓子の 1 つです。最初のレシピを作りあげるために 2 年間を費やしたので、私はそこから 5 年間、マカロンを食べることが楽しめませんでした。大成功したマカロンを食べてもらったその日、私はそれまでに失敗したすべてのマカロンのことを鮮明に思い出しました。そしてその経験をきっかけに、私はオリジナルレシピに代わって、失敗を最小限に防ぐことのできるマカロンのレシピを作りました。例えば、卵白だけ泡立てたものを使うのではなく、イタリアンメレンゲ（卵白、砂糖、水が入ったもの）を使用することで、成功する回数は増え、心にもゆとりができました。このレシピで、あなたの大切な人が鳥肌を立てて喜んでくれることを願っています。

材料の代用：アーモンドは，同じ重さのア　モンドパウダーで代用できますが、いずれにしてもアーモンドパウダーを粉砂糖とココアパウダーと混ぜ合わせ、フードプロセッサーにかけなければいけないので、あまり調理時間の短縮にはなりません。加えて、アーモンドの粉は値段が高いので、コストを抑えて作ることが難しくなります。間に挟むフィリングはチョコレートガナッシュを使うのが伝統的なスタイルですが、好きなものを挟んでください。ストロベリー・バタークリームやチェリージャム、塩キャラメルなどもぴったり合い、どれも違う風味と食感をマカロンに加えてくれます。

ガナッシュ
ダークチョコレート……113g
（カカオ含量62%〜70%、細かくカットしておく）
生クリーム……120㎖

マカロン
粉砂糖……153g
アーモンド……160g
ココアパウダー……40g
卵白……3個分（91g、室温に戻したもの）
グラニュー糖……150g
水……60㎖

ガナッシュの作り方

チョコレートを中型の耐熱ボウルに入れます。小鍋に生クリームを入れて中弱火にかけ、鍋肌の周りに泡が立ちはじめる程度（82〜88℃）に温めます（電子レンジを使ってもOK）。チョコレートに温めた生クリームを加え、ゴムベラを使ってチョコレートが溶けるまで混ぜ合わせます。

さらにスティックミキサーかフードプロセッサーを使い、チョコレートがなめらかになるまで混ぜ合わせます。もしくは湯せんでなめらかになるまでかき混ぜても構いません。ガナッシュはつややかになるのが理想的です。ガナッシュが冷えてバターのように塗れるくらいの硬さになるまで、2時間ほど室温においてください。

マカロンの作り方

粉砂糖とアーモンド、ココアパウダーを合わせ、粉状になるまで5分ほどフードプロセッサーにかけます。ときどき止めて、ゴムベラで内側についた生地をきれいにしましょう。すぐ粉状になりますが、アーモンドが完全に粉砕され、細かい粉と粒になるまで、5分間はフードプロセッサーを回してください。

アーモンドの粉を大きなボウルに移し、残っている塊を指で潰します。

次の2つのステップは同時に進める必要があります。卵白2個分（62g）をボウルに入れ、スタンドミキサーに泡立て器をつけ中速に設定して1〜2分泡立てます。次に高速に設定を変え、角が立つくらいまで、さらに3〜4分泡立てます。グラニュー糖の準備ができる前に角が立つくらいの硬さになったら、スピードを低速に下げ、そのまま泡立て続けてください。

卵白の作業と同時に、グラニュー糖と水を小鍋に入れます（この作業は、牛乳を温めるミルクピッチャーがピッタリ合います。深さがあるので中の温度を正確に計りやすく、卵白と混ぜ合わせるときに注ぐのも簡単です）。中弱火にかけ、グラニュー糖が溶けるまでときどきかき混ぜます。その後、砂糖がシロップ状になり114℃になるまでかき混ぜずに5分ほど煮詰めます。

鍋のシロップをガラス製のメジャーカップに移します。ミキサーを中高速に設定し、シロップを少しずつ一定の速度で卵白に加えてください。シロップはボウルと泡立て器の間の隙間を狙って垂らすように加えます。ミキサーに熱いシロップがついてしまうと、マカロンの生地に固まったシロップの糸がいくつも入ってしまうので、ミキサーにシロップが触れないように気をつけましょう。

シロップを全部加えたらミキサーのスピードを高速に上げ、つややかな角が立つまで、さらに4〜5分ほど泡立てます。

残りの卵白1個分をアーモンドの入った粉類に加え、ミキサーで仕上げた卵白とグラニュー糖のミックスを上から流し込みます。ゴムベラで粉が見えなくなるまで、生地をたたみこむように混ぜ合わせます。生地全体が濃い茶色になりダマがなくなるまで、混ぜる回数はだいたい35回ほど。混ぜ過ぎても、その逆でもいけま

せん。すべてのステップの中で、この作業がもっとも重要です。私はこれまでの経験から生地を混ぜた回数を数え、生地の色と質感に注意を払うことが完璧なマカロンを作る秘訣だと考えています。

　絞り袋にAteco804の絞り金、またはそれに近いシンプルな1.3㎝型の絞り金をつけて、絞り袋の半分くらいまででき上がった生地を入れてください（生地を入れ過ぎると、絞りにくくなるので注意）。

　厚手のベーキングシートを2枚敷きます。

　絞り口をシートから6㎜くらい離し、袋の部分をしっかりと握って、直径2.5㎝、厚さ6㎜くらいの円状に生地を絞り出します。絞り終わりは袋の力をゆるめて、素早く円を描くように動かし、マカロンの表面に角を作らないように絞り口を離します。生地の間を1.3㎝～2.5㎝ほど空けながら生地を絞り出します（はじめは生地を同じサイズに絞り出すために、目安があったほうがやりやすいので、直径2.5㎝くらいの丸いクッキー型を置き、クッキー型の中に上から軽く粉砂糖かコーンスターチをふります。型を外すと、ベーキングシートの上に白い円ができて目安になります）。

　タオルをキッチンカウンターに敷き、生地を絞った天板を3回トントントンと叩いて、生地に入っている空気を抜きます。トレーを反転させ、同じように3回叩きます。生地をすべて絞り終わるまで、同じ作業を繰り返します。

　生地をのせた天板は30分おいておきましょう。その間にオーブンを175℃に予熱します。

　天板を1枚ずつオーブンに入れて焼き上げます。オーブンの真ん中に置き、途中で一度トレーを反転させながら10分ほど焼きます。

　天板のまま30分ほど冷ましたあと、マカロンをシートから外してください。同じサイズのマカロンを2つ1組に合わせます。絞り袋に冷えたチョコレートガナッシュを小さじ約1ずつ、マカロンの平らな面（焼いたときに下になっていた面）に絞り出していきます。絞り袋の代わりに、小型のケーキ用パレットナイフを使ってもいいでしょう。

EAT / 179

ガナッシュの上にもう1つのマカロンの平らな面をのせ、マカロン同士を軽く合わせてガナッシュが均一に広がるようにします。このとき、マカロンに亀裂が入らないように気をつけましょう。マカロンの片方を片手に持ち、もう片方のマカロンのふちを指で持って、ちょうどオレオクッキーをはがすときと同じような動きで、2つのマカロンをこすりあわせるとガナッシュが均一になります。

　マカロンは作ったその日に食べるのがお勧めです。ラップできっちりと包み、密封容器に入れると、冷蔵庫で3日は保存できます。食べるときは室温に戻してください。

マカロンのトラブルシューティング
MACARON TROUBLESHOOTING

理想的なマカロンは、表面がツヤツヤで真ん中がこんもりと膨らみ、端がフリルのようになっています（「ピエ」と呼ばれています）。もしはじめて作ったときに、このような形にならなかった場合は、以下のヒントを参考にしてください。

・表面が濡れている➡
　生地を絞り出したあと、十分にねかせていません。
・真ん中がうまく膨らんでいない➡
　絞り出した生地をねかせ過ぎています。
・生地の表面または内側に亀裂がある➡
　生地に卵白を入れ過ぎているので、次に作るときは卵白をちゃんと計量してください。
・焼いている間に生地が割れてしまった➡
　生地を混ぜ過ぎています。
・生地が分厚過ぎ、もしくは角が立っている➡
　生地の混ぜ方が足りていない、もしくは生地を天板にのせたあとに、キッチンカウンターに叩きつけて空気を抜く作業が足りていません。
・ベーキングシートに生地がこびりついている➡
　焼き時間が足りません。または完全に冷める前に、生地を外してしまっています。

オリーブオイルとローズマリーのショートブレッド
Olive Oil and Rosemary Shortbread

でき上がり：35 枚分　/　作業時間：20 分
調理開始からでき上がりまで：4 時間

デボラ・ダンスワース・クインは、私の親友のお母さんです。私たちが子どもの頃、毎年クリスマスシーズンになると、デボラは近所で大評判のお手製ショートブレッドクッキーを山のように作っていました。彼女の家はまるでクッキー工場のよう。ショートブレッド用の型にどんどん生地を詰めていくのは、3 人娘のバネッサ、ロビン、ゾエの役目。私の故郷、カリフォルニア州オジャイの小さな街に住むクイン家の友人やご近所さんは、みんなそのクッキーが届くのを、首を長くして楽しみにしていました。

　　　しかし 2007 年のクリスマス直前、デボラは突然この世を去りました。彼女の死から 1 週間が過ぎた頃、悲しみに暮れていたバネッサ、ロビン、ゾエの三姉妹はお母さんの大事なレシピを取り出し、クッキー型のほこりを払い、力を合わせてあのお母さんのショートブレッドクッキーをそれこそ山のように作りはじめました。告別式に集まってくれる何百人ものゲストのために。

　　　ミントプラザ店は、デボラの死からそれほど時間をあけずにオープンしたのですが、私はデボラへの想いを胸に、彼女のレシピを元にして、お店の一番人気となったクッキーを作りました。バターたっぷりでちょっと塩気のある、何ともいえない食感のショートブレッドに、アレンジを効かせて新鮮なローズマリーとオリーブオイルをたっぷりと塗った一品です。お店用に作るときは量が多いので、クッキー型で生地を抜くことはできませんが、自宅で作るときはデボラが使っていたのと同じ陶器の型を使います。いつか私の型もデボラの型と同じように、使い込まれて独特の味が出てくることを願って。

　　　このレシピはブルーボトルのお店で作るときと同じように、型を使わない作り方です。もしクッキー型をお持ちなら、付記を参考にしてデボラの作り方でクッキーを焼いてみてください。

材料の代用：このレシピは好みによって材料を変えられる非常にフレキシブルなものです。写真（p.182 参照）にあるように焼いた松の実を 50g ほど加えると、少し風味が強くなり、ショートブレッドにより深みが出ます。薫り高いトルココーヒーのショートブレッドを作る場合は、ローズマリーの代わりに小さじ 1 の粗挽きコーヒーを入れ、グリーンカルダモンを小さじ 1/4 ほど加えるといいでしょう。これらはほんの一例で、自分の好みに合わせていくつものバリエーションを試すことをお勧めします。

　　　無塩バター（室温に戻しておく）……227g　　　　　コーシャーソルト……小さじ 1 ¼
　　　粉砂糖（ふるいにかけておく）……115g　　　　　　中力粉（ふるいにかけておく）……280g
　　　ローズマリー（みじん切り）……小さじ 1　　　　　エクストラバージンオリーブオイル（仕上げ用）……適量
　　　または乾燥ローズマリー……小さじ ½

スタンドミキサーを低速に設定し、バターがなめらかになるまで 1 〜 2 分ほど混ぜます。粉砂糖とローズマリー、コーシャーソルトを加え、低速のまま全体をよく混ぜ合わせます。ミキサーを中速に変え、ボウルの内側につい

た生地をきれいにしながら、色が白っぽくマヨネーズのような質感になるまで、4〜5分ほど混ぜます。

ミキサーを低速に設定し、中力粉を加えて1つの塊になるまで混ぜ合わせます。ボウルの内側についた生地をゴムベラできれいにして、さらに1分ほど混ぜます。

生地を丸め、ラップで包みます。ラップの上から、生地を約18㎝×25㎝、厚さ1.3㎝ほどの長方形に整えます。さらにラップできっちりと包み、冷蔵庫で最低3時間、最長で5日間生地をねかせます。

オーブンを175℃に予熱しておきます。ベーキングシートを天板に敷きます。

冷蔵庫でねかせた生地を取り出し、2.5㎝×5㎝くらいの長方形に切り分け、間を2.5㎝ほど空けてベーキングシートに並べていきます。オーブンに入れ、生地の周りがきつね色になるまで18分ほど焼きます。途中9分くらいで、均一に焼けるように天板を反転させてください。

焼き上がってオーブンから出したら、すぐにハケでエクストラバージンオリーブオイルを表面に塗ります。天板にのせたまま10分ほど冷ましたら、クッキーを外します。食感を出すために、室温で冷ましてからお出しします。

冷めてから密閉容器に入れておけば、3日間ほど日持ちします。

付記：生地を長方形にするのではなく、タルト型を使う場合は、でき上がってすぐの生地を20㎝径の陶器型に入れ、表面が平らになるように広げます。生地の周りがきつね色になるまで、175℃のオーブンで12分間ほど焼いてください。型から外す前に10分ほど粗熱をとり、ひっくり返すようにして型から外します。すぐに表面にエクストラバージンオリーブオイルを塗ったら、食感を出すために室温で冷ましてください。

フェンネルとパルメザンチーズのショートブレッド
Fennel-Parmesan Shortbread

でき上がり：35個分　/　作業時間：30分
調理開始からでき上がりまで：4時間

このショートブレッドは、ブルーボトルのキッチンで余った材料を使いきるために開発したレシピです。数年前、私はイーストを使ったパンをお店のメニューに加えることを考えはじめました。正直に言うと、私はイーストを扱うのが苦手で、パン作りはあまり上手くありません。ですから友人のニコル・クラシンスキーが、「ブリオッシュのレシピを作って、お店のスタッフに教えるよ」と言ってくれたとき、そのチャンスに飛びつきました。ニコルは優れたパン職人であると同時に、才能に溢れるペイストリーシェフでもあるので、2つの才能を合わせて甘味のあるフードメニューを作るのが得意だったのです。彼女が私たちのために作ってくれたブリオッシュは、サクサクで少し甘味があり、バター風味たっぷりの最高傑作でした。ピリっとしたコショウが隠し味で、表面にはパルメザンチーズがたっぷりと焼きつけてあります。実際に私たちが試したときは、表面に砕いたフェンネルシードと粒の大きいシーソルトも散らして焼き上げました。そのブリオッシュは絶品で、私自身、毎日食べても飽きないほどでした。

　しかしこのブリオッシュは、お客様の受けはあまり良くなく、メニューに出してしばらく経った頃、私は会計士から「ブリオッシュのせいで売り上げが落ちている」と警告されました。材料に使っていたパルメザンチーズとフェンネルシードがまだ大量に残っていて、スタッフたちも午前3時起きのパン作りに不満を感じていました。切羽詰まった私は、この残った材料を使い切ることができ、朝の3時から仕込みをしなくてもいいフードメニューを考えることにしました。ニコルのレシピを元にでき上がった、オリーブオイルとローズマリーを使ったショートブレッドは大成功。簡単に作れるのにびっくりするほど美味しく、私が大好きなブリオッシュへのオマージュ的な一品になりました。

代用： パルメザンチーズは、マンチェゴ（エイジド）やグラナ・パダノ、ミモレットなど、塩気のあるハードチーズで代用できます。

無塩バター（室温に戻しておく）……227g
粉砂糖……57g
コーシャーソルト……小さじ1¼
黒コショウ（挽きたてのもの）……小さじ1
中力粉（ふるいにかけておく）……280g

パルメザンチーズ（細かくすりおろしたもの）……100g
フェンネルシード……小さじ1
マルドンのシーソルト（p.165参照）……小さじ1
エクストラバージンオリーブオイル（仕上げ用）……適量

スタンドミキサーを低速に設定し、バターがなめらかになるまで1～2分ほど混ぜます。粉砂糖とコーシャーソルト、黒コショウを加え、低速のまま全体を混ぜ合わせます。ボウルの内側についた生地をゴムベラできれいにして、ミキサーを中速に変え、生地が白っぽくなりマヨネーズのような質感になるまで4～5分ほど混ぜます。
　中力粉を加え、ミキサーを低速にし1つの塊になるまで混ぜたら、パルメザンチーズを加えて、低速のミキサーでさらに1分ほど混ぜ合わせます。

ボウルの中の生地を丸め、ラップで包みます。ラップの上から生地を18㎝×25㎝、厚さ1.3㎝ほどの長方形に整えます。さらにラップできっちりと包み、冷蔵庫で最低3時間、最長で5日間生地をねかせます。

オーブンを175℃に予熱しておきます。ベーキングシートを天板に敷きます。

すり鉢、またはスパイス用グラインダーを使ってフェンネルシードを粗く砕いたら、小型のボウルに移してシーソルトを加え、混ぜ合わせます。

冷蔵庫でねかせた生地を取り出し、2.5㎝×5㎝の長方形に切り分け、間を2.5㎝ほど空けてベーキングシートに並べていきます。表面にエクストラバージンオリーブオイルをハケで塗り、砕いたフェンネルを均一にふりかけます。オーブンに入れ、生地の周囲がきつね色になり、チーズが明るい茶色になるまで約18分焼きます。途中で9分ほど経ったら、均一に焼けるように天板を反転させてください。

トレーにのせたまま10分ほど冷ましたら天板から外します。質感を出すために、食べる前に室温で完全に冷ましてください。

完全に冷めたら、密封容器に入れておけば3日間ほど日持ちします。

付記：オリーブオイルとローズマリーのショートブレッド（p.181参照）と違い、このショートブレッドは陶器製のタルト型では作れません。

午後のひとときに

ブルックリン風ブートレッグスモア / 188

塩チョコレートとバニラビーンズのアイスクリームサンドイッチ / 192

スモーキー・アーモンド・アイスクリームのアフォガード / 195

チョコレートプディング / 197

エルズワース・ケリーのファッジポップ / 200

ブランデーケーキのアルボリオライスとアーモンド添え / 202

ピクシータンジェリンのシフォンケーキ、バニラスイスメレンゲ添え / 204

ブルックリン風ブートレッグスモア
Brooklyn Bootleg S'mores

でき上がり：小さいスモア 20 個分　/　作業時間：2 時間
調理開始からでき上がりまで：5 〜 6 時間

ジェームスと私はブルーボトルの設立初期に、可愛らしく、才能溢れるパン職人のサラ・コックスと出会いました。あだ名は「カプチーノを 5 杯オーダーするサラ」。フェリープラザのファーマーズマーケットにあるブルーボトルの常連さんで、勤め先のレストラン、「ルビコン」（Rubicon）の食材を買うためにマーケットを訪れていた彼女は、いつも自分と同僚の分としてカプチーノを 5 杯も買っていたのです。2004 年、ブルックリンにブルーボトルのカフェを開くため私とジェームスは、自分たちの住むサンフランシスコから遠く離れた東海岸でお店を任せられる、信頼できるパン職人を探していました。サラはその筆頭候補だったのです。「お店で働いてもらえない？」と相談したところ、サラは二つ返事で OK してくれ、早速、引越しトラックに荷物とインコのミス・ケイ、そしてボーイフレンドを乗せ、旅のお供にブルーボトルのコーヒーをたくさん抱えて東海岸に向け出発してくれました。

　ブルックリンに着いた彼女から最初に頼まれたことは、ブルーボトルの既存のレシピと新しいレシピで使用する地元産の食材を見つけることでした。「マスト ブラザーズ チョコレート」（Mast Brothers Chocolate）、「キングス カウンティー ディスティリー ムーンシャイン」（Kings County Distillery Moonshine）、「トレンブレイ アピラリー フォールフラワー ハニー」（Tremblay Apiary Fall Flower Honey）、地元でオーガニックの全粒小麦を作っている「デイジー ブランド」（Daisy Brand）など、地元で質の良い食材を販売している会社のリストがずらりと並んだとき、私の頭に浮かんだのがスモア（マシュマロを使ったアメリカの伝統的なおやつ）でした！　ブルーボトルのブルックリン店でのみ販売されているこのスモアは、東海岸のペストリー部門でマスコット的な人気です。

材料の代用： マシュマロを作るときは、どんな種類のお酒でも使用できます。リーレイ・ブランやシャンパン、バーボンなど。

マシュマロ
板ゼラチン……5 枚
もしくは粉ゼラチン……小さじ 2 ½
冷水（粉ゼラチンを使う場合）……60㎖
コーンスターチ……31g
粉砂糖……28g
ムーンシャイン（お酒）……大さじ 3
グラニュー糖……150g
アガベシロップ……大さじ 6（85g）
水……大さじ 2
コーシャーソルト……ひとつまみ

グラハムクラッカー
中力粉……140g
全粒小麦……70g
ベーキングソーダ……小さじ ½
シナモン（挽きたてのもの）……小さじ ½
無塩バター……大さじ 11（156g、室温に戻したもの）
はちみつ……小さじ 3
グラニュー糖……50g
ブラウンシュガー……54g
マルドンのシーソルト（p.165 参照）……小さじ ½

ガナッシュ（p.175 参照）……適量

マシュマロの作り方
板ゼラチンを使う場合、中型のボウルに冷水を入れ、柔らかくなるまで 5 〜 10 分ほど浸します。粉ゼラチンを使う場合は、冷水 60㎖に入れて 5 〜 10 分ほどおいておき、電子レンジを使って軽く温めるか、ゼラチンが完全に溶けるまで小鍋に入れて弱火にかけます。

　　　コーンスターチと粉砂糖を合わせてふるいにかけ、小型のボウルに入れます。

　　　23㎝× 33㎝の天板に、ベーキングシートかワックスペーパーを天板の内側をすべてカバーするように 2 枚重ねて敷きます（シートが動かないように、天板にバターを塗っておいても OK）。ふるいにかけた粉類を、表面全体を覆う程度に均一にふりかけます。残りの粉類は仕上げ用にとっておきましょう。

　　　板ゼラチンの場合は柔らかくなったシートから水気を絞って、粉ゼラチンの場合は中身をすべてスタンドミキサーのボウルに入れます。そこにムーンシャイン大さじ 2 を加えます。

　　　小型の厚手鍋にグラニュー糖とアガベシロップ、水大さじ 2、コーシャーソルト、そして残りのムーンシャイン大さじ 1 を入れ、全体をよく混ぜます。中強火で 114℃〜 116℃になるまで混ぜずに温めてシロップを作ります。

　　　シロップをゼラチンに加えます。泡立て器をつけたスタンドミキサーで最初は低速から混ぜはじめ、だんだんと高速にスピードを上げながら、表面がなめらかになり硬い角が立つくらいまで、8 〜 10 分ほどかき混ぜます。最初の 5 分くらいはマシュマロのような質感にはなりません。

　　　ゴムベラで用意した天板の上に流し込んだら、ケーキ用のパレットナイフで表面を平らにならします。その後、室温で 3 〜 4 時間ほどねかせます。

　　　ねかせたマシュマロの上に、残しておいた粉類をまんべんなくふりかけます。清潔で温かい包丁、または刃を温めたハサミを使い、マシュマロを 5㎝角の大きさに切り分け、切り口がくっつかないよう粉類をふりかけます。

　　　マシュマロは密封容器に入れて、室温で 1 週間まで保存できます。

付記：熱いシロップがこびりついたボウルや鍋は、熱いお湯を入れ、溶けるまで 30 分ほどおくと洗いやすくなります。

グラハムクラッカーの作り方
中力粉と全粒小麦、ベーキングソーダ、シナモンを合わせてふるいにかけ、中型のボウルに入れます。

　　　スタンドミキサーを低速に設定し、バターとはちみつをボウルに入れ、全体がなめらかになるまで 1 〜 2 分ほど混ぜます。グラニュー糖、ブラウンシュガー、シーソルトを加え、低速のままさらによく混ぜます。ゴムベラでボウルの内側についた生地をきれいにしながらミキサーを中速にし、生地が白っぽくフワフワになるまで 4 〜 5 分ほど混ぜ続けます。

　　　粉類を加え、低速で全体が 1 つの塊になるまで混ぜます。

　　　生地をベーキングシートの上に置いたら、均一に押しながら平らな長方形に形を整え、上からもう 1 枚ベーキングシートをかぶせます。麺棒で厚さが 3㎜になるまで生地をのばします。そのままトレーにのせて冷蔵庫に入れ、硬くなるまで最低 1 時間、最長で 1 週間ねかせましょう。くっつきやすい生地なので、ベーキング

シートは生地が完全に冷たくなるまでつけておきましょう。生地が冷えたら、簡単にはがすことができます。

生地の上にのっているベーキングシートをはがし、5cmくらいの正方形になるよう生地を切り分けます。

オーブンを175℃に予熱します。天板にベーキングシートを敷きます。

切り分けた生地にそれぞれフォークで空気抜きの穴を開けたら、5cm角の生地の間を 2.5cm くらいずつ離しながら、天板にヘラを使って並べていきます。表面がきつね色になるまで 12 〜 15 分ほど焼きましょう。

生地をシートからはがす前に 10 分ほど冷やします。スモアを作る前に完全に冷やしておいてください。グラハムクラッカーは密封容器に入れておけば、室温で 2 日間ほど日持ちします。

スモアを作る
グラハムクラッカーの平らなほうの面（オーブンで焼いたときに下になっていた面）に小さじ 1 のガナッシュを塗ります。ガナッシュの上にマシュマロをのせ、その上に同じくガナッシュを塗ったグラハムクラッカーをのせて軽く押しつけます。

スモアはできたてを食べるのがお勧めです。密封容器に入れると 2 日間ほど日持ちします。グラハムクラッカーは日にちが経つほど柔らかくなってしまうので注意が必要です。マシュマロは室温で、ガナッシュとグラハムクラッカーの生地は冷蔵庫で 1 週間ほど日持ちするので、その日に食べる分だけ焼き、残りは食べるときまで保存しておくのがお勧めです。

塩チョコレートとバニラビーンズのアイスクリームサンドイッチ
Salted Chocolate and Vanilla Beans Ice Cream Sandwiches

でき上がり：10〜12個　/　作業時間：1時間半
調理開始からでき上がりまで：9時間

サンフランシスコ近代美術館の屋上「彫刻の庭」にはブルーボトルのカフェがあります。美術館にふさわしく、このカフェ専用のレシピとして、カタリーナ・フリッチの彫刻「Kind mit Pudeln」にインスパイアされたデザートを作りました。芸術に関連したデザートを作ったのはこれが最初で、今でもお気に入りのレシピです。「Kind mit Pudeln」は、囲いの中に224匹のブラック・プードルと、その真ん中に白い彫刻の人間の赤ちゃんがいるという作品。塩味のついたチョコレートクッキーでバニラビーンズが入ったアイスクリームを挟み、プードルの形に型抜きしたこの可愛らしいデザートは美しい彫刻へのオマージュです。これは美術館にカフェがオープンした最初の夏にメニューに加わり、たちまち大人気の商品となりました。このカフェでは「そのときの展覧会で展示されている作品にちなんだペイストリーを出す」と決めていたので、悲しいことに「Kind mit Pudeln」の展示終了とともに、プードルの形をしたアイスクリームサンドイッチは販売終了になりました。

　もちろん、美術館用にこのレシピを作るときは、プードルの形をしたクッキー型を使いましたが、自宅で作るときには、ホタテ貝のような円のクッキー型を使っています。クッキー生地とアイスクリームを無駄にしないために正方形にカットするのが一番ですが、お好みでいろんな形を試してみてください。

材料の代用： バニラビーンズは小さじ1/2のバニラエクストラクトで代用が可能。

アイスクリーム
生クリーム……475㎖
ハーフ＆ハーフ（牛乳とクリームを混ぜた乳製品）……240㎖
砂糖……133g
バニラビーンズ……½本
卵黄……6個分（114g、室温に戻したもの）

チョコレートサブレ
中力粉……210g
ココアパウダー……23g
ベーキングソーダ……小さじ½
無塩バター……小さじ11（156g、室温に戻したもの）
砂糖……150g
マルドンのシーソルト（p.165参照）……小さじ½
バニラエクストラクト……小さじ1

アイスクリームの作り方

生クリームとハーフ＆ハーフ、砂糖を中型の厚手鍋に入れます。バニラビーンズを縦半分に割り、中の種をこそげ取ってさやとともに鍋に入れます。鍋を中弱火にかけ、よく混ぜます。鍋肌の周りに泡が立ち、82〜88℃くらいに温めたら火からおろし、フタをして10分ほどおきます。

　卵黄を中型のボウルに入れます。先ほど温めたクリームのうち1/4を加え、泡立て器でよく混ぜます。卵黄を1つ入れるたびにクリームの1/4を加えて混ぜるという手順を繰り返し、卵黄を加えたクリームと残ったクリームが同じ温度になるようにします。

　クリームの鍋に卵液を一定の速さで静かに入れながら混ぜ続け、弱火にかけます。その後スプーンを入れ

たときクリームの膜がつくようになるまで、10分ほど温めます。目の細かいざるで漉し、バニラのさやを加えます。ラップを表面にかけ、冷蔵庫で最低でも3時間、最長で12時間冷やします。

バニラのさやを取り出し、アイスクリームメーカーに入れたら、説明書に従って凍らせます。

23㎝×33㎝の天板にラップを敷き、まだ柔らかいアイスクリームをアイスクリームメーカーから天板に流し入れます。表面をパレットナイフでならします。ラップをかけたら、冷凍庫で最低4時間ほど凍らせましょう。アイスクリームは冷凍庫で2週間くらい日持ちします。

チョコレートサブレの作り方
中力粉とココアパウダー、ベーキングソーダをふるいにかけ、中型のボウルに入れます。

バターをスタンドミキサーのボウルに入れ、ビーターをつけて低速に設定し、全体がなめらかになるまで1〜2分ほど混ぜます。砂糖とシーソルトを加え、低速のままさらによく混ぜたら、バニラエクストラクトを加えます。ボウルの内側についた生地をきれいにしながら、ミキサーを中速にし、色が白っぽくフワフワになるまで4〜5分かき混ぜます。

粉類を加え、スタンドミキサーを低速に設定し、全体が1つの塊になるまで混ぜます。

生地をベーキングシートの上に置きます。均一に押しながら平らな長方形に整え、上からもう1枚ベーキングシートをのせます。麺棒で厚さが6㎜になるまで生地をのばし、生地の上にのっているベーキングシートをはがしたら、生地をナイフかクッキーカッターで正方形に切り分けます。このとき生地が完全に冷えるまでシートからはがさないようにしてください。ベーキングシートごと天板に移し、ラップで包み、固くなるまで、30分ほど冷蔵庫で冷やします。

オーブンを165℃に予熱します。天板にベーキングシートを敷きます。

切り分けた生地を2.5㎝くらいずつ離しながら、ヘラを使って天板に並べていきます。生地がカリッとなるまで12〜14分ほど焼きます。途中6分ほどで生地が均一に焼けるよう、天板を反転させます。

サブレ地をはがす前に10分ほど粗熱をとりましょう。アイスクリームサンドイッチを作る前には完全に冷ましてください。サブレは密封容器に入れて、室温で丸1日は保存できます。

アイスクリームサンドイッチの作り方
平らな面を上にしてサブレを並べます。もしクッキーカッターがあれば、アイスクリームを切る作業にも使えますので、小型のボウルに熱湯を入れ、あらかじめ温めておきましょう。

アイスクリームを冷凍庫から出し、サブレと同じサイズにアイスクリームをクッキーカッターで切り分けます。手早く作業を進めながら、アイスクリームをクッキーの上にのせ、もう1枚のクッキーで挟みます。食べる前にアイスクリームサンドイッチは冷凍庫に入れて冷やしましょう。もし作業中にアイスクリームが溶けだしてしまったら、固くなるまでもう一度冷凍庫に戻します。

アイスクリームサンドイッチは密封容器に入れておけば、冷凍庫で1週間ほど保存できます。

スモーキー・アーモンド・アイスクリームのアフォガード
Affogato with Smoky Almond Ice Cream

でき上がり：5 個分　/　作業時間：30 分
調理開始からでき上がりまで：6 時間 30 分

まだその美味しさがあまり知られていないキャロブ。地中海が主な生産地で、イナゴマメの皮から作られています。粉状のものや乾燥させたものがあり、オーガニックストアではたいてい扱っています。一般的にキャロブは"チョコレートの代用品"と思われているようですが、キャロブはチョコレートではありません。ですからチョコレートの代わりに食べたら、その味や風味にがっかりするでしょう。しかし、ダイエット中にチョコレートの代わりにしぶしぶ食べるのではなく、チョコレートとはまったく別物だと思って味わえば、キャロブならではの美味しさがあります。ナッツのような風味と甘さ、麦芽の味わいがコーヒーのほのかな苦味と混ざり合い、レシピに加えると少量でも味に深みがでるのです。

とはいえ、いくら正論を言っても、ジェームスのキャロブ嫌いは変わらず、オーガニックストアで購入したピーナッツとキャロブのお菓子は、いつまで経っても食べてくれません。私がブルーボトルのメニューにキャロブを使ったデザートを加えたいと言ったとき、ジェームスは、反対はしないものの懐疑的でした。私は彼にキャロブを使ったデザートが美味しいことを証明するために、キャロブやスモーキーな風味を持つお酒、トーストしたアーモンドをアイスクリームに混ぜ、上からエスプレッソをかけて、クラシックなアフォガードを作ることを思いつきました。スモーキーな風味とコーヒーとお酒。もし彼の好みではなくても、少なくとも男性向けのデザートだという点は気に入るはずです。アフォガード自体が男性向けのデザートなのかどうかに関しては自信がありませんでしたが、いざ作ってみたら、ジェームスはこのデザートを大好きになってくれたのです。

材料の代用：エスプレッソマシンがない場合は、アイスクリームの上に濃く淹れたコーヒー 60㎖を注いでください。テキーラはメスカルの代用になります。スモーキーな風味がするアネホやレポサドテキーラがお勧めです。

スモーキー・アーモンド・アイスクリーム
生クリーム……475㎖（464g）
ハーフ＆ハーフ
（牛乳とクリームを混ぜた乳製品）……240㎖（242g）
砂糖……133g
キャロブパウダー……大さじ 3

メスカル（メキシコ産の蒸留酒）……大さじ 2
卵黄……6 個分（114g、室温に戻しておく）
アーモンド……80g

エスプレッソ……175㎖（5 ショット）

スモーキー・アーモンド・アイスクリームの作り方
生クリームとハーフ＆ハーフ、砂糖、キャロブパウダー、メスカルを中型の厚手鍋に入れます。中弱火にかけて、鍋肌の周りに泡が立つ 82 〜 88℃まで混ぜながら温めます。

中型のボウルに卵黄を入れて、液体のうち 1/4 を加え、泡立て器でよく混ぜます。卵黄と液体を 5 回に分けて加え、その都度泡立て器で混ぜ合わせ、卵液と液体が同じ温度になるようにします。

鍋に生地を一定の速さで静かに入れながら混ぜます。弱火にかけ生地に火が入り、スプーンにクリームの

膜がつくようになるまで 10 分ほど混ぜながら温めます。目の細かいざるで濾したらラップを表面にかけ、冷蔵庫で最低でも 3 時間、最長 12 時間冷やします。

　　　中型で厚手の鍋にアーモンドを入れ、中火にかけます。鍋をこまめに揺すりながら、アーモンドの香りが立ち表面が少し色づくまで、5 分ほど加熱します。完全に冷ましてから、粗くみじん切りにします。

　　　生地をアイスクリームメーカーに入れ、説明書に従って凍らせ、でき上がる直前にアーモンドを加えます。容器に移し、フタをして少なくとも 3 時間、アイスクリームが固くなるまで冷凍します。アイスクリームは冷凍庫で 2 週間まで保存できます。

アフォガードの作り方
アイスクリームを 5 つのカップか器に均等に分けます。上からエスプレッソをかけ、すぐにお出しします。

チョコレートプディング
Chocolate Pudding

でき上がり：6〜8人分　/　作業時間：1時間
調理開始からでき上がりまで：5時間15分

ミントプラザ店をオープンする前、ジェームスと私はサイフォンで丁寧に淹れた素晴らしいコーヒーにどんなデザートが合うのかについて、長い時間をかけて話し合いました。私がジェームスに伝えたアイデアの1つがプディング・バー。さまざまな種類のなめらかなプディングを用意し、それをガラス皿に入れて作りたてのホイップクリームを添えて出す、というものです。私はパンナコッタみたいに、コマーシャルに出てくるような見た目も可愛いプルプルとしたプディングを考えていました。プディング専用のコーナーを作る計画は実現していませんが（少なくとも今はまだ）、何ともいえない甘さのチョコレートプディングは、ビジュアル的にも味的にもブルーボトルにふさわしいデザートだという結論に至り、私はレシピ作りをはじめました。

　　　オーソドックスなコーンスターチを使った従来の方法では、自分が望むなめらかな食感が出せなかったので、私は友人であり寒天の魔術師でもあるシェフのダニエル・パターソンに相談しました。彼はあっさり「寒天を溶かしたら、一度冷やすんだ。そのあとミキサーでかき混ぜてごらん」と言いました。私は材料をゲル化する食材として、天草から作られている寒天のことは知っていましたし、ベジタリアン料理で寒天をゼラチンの代わりに使うことも知っていました。しかし、ダニエルは斬新なアイデアで、何年にもわたって寒天を料理に使っていて、寒天のことを知り尽くしていました。私はダニエルのゼラチンのテクニックを参考に何度か寒天を調理することで、濃厚な味わい深いチョコレート・クレームアングレーズを作ることに成功したのです。このプディングはミントプラザ店で、丁寧に淹れられたサイフォンコーヒーのお供としてお出ししていました。美しいハリオのビーカーに入ったプディングは大変な人気商品となりました。

ダークチョコレート……170g
（カカオ含有量62％〜70％のもの）
バニラエクストラクト……小さじ1
水……240㎖
寒天（付記参照）……14g

生クリーム……475㎖（464g）
ハーフ＆ハーフ（牛乳とクリームを混ぜた乳製品）……240㎖
砂糖……150g
卵黄……6個分（114g、室温に戻したもの）
飾り用ホイップクリーム……適量

ダークチョコレートを細かくみじん切りにして（フードプロセッサーにかけてもOK）大型のボウルに入れ、バニラエクストラクトを加えます。

　　　小鍋に水と寒天を入れ、よく混ぜます。寒天が完全に溶けて小さい塊がなくなり、濃厚で透明感のあるゲル状になるまで、弱火で8分ほど火にかけます。

　　　中型の厚手鍋に生クリームとハーフ＆ハーフ、砂糖を入れます。鍋肌に小さな泡が立ちはじめる（82〜88℃くらい）まで、よく混ぜながら弱火にかけます。寒天を流し入れ、泡立て器で混ぜて火からおろします。

　　　中型のボウルに卵黄を入れます。液体のうち1/4を加え、泡立て器でよく混ぜます。卵黄と液体を5回に分けて加え、その都度、泡立て器で混ぜ合わせ、卵液と液体が同じ温度になるようにします。最後に卵液を液体に一定の速さで流し入れながら、泡立て器でよく混ぜます。

泡立て器でよく混ぜながら弱火にかけます。生地に火が入り、スプーンにクリームの膜がつくようになるまで、10分ほど混ぜながら温めます。
　ボウルに生地とチョコレートを入れ、チョコレートが完全に溶けるまでよく混ぜます。目の細かいこし器で漉したら、ボウルに入れます。表面にラップをかけ冷蔵庫で最低4時間、最長で3日ねかせます。ねかせるとプディングが固まります。
　ねかせたプディングをフードプロセッサーまたはミキサーに入れ、なめらかでツヤツヤ、そしてフワフワになるまで4〜5分ほど混ぜます。スプーンを使ってお皿にすくいホイップクリームを飾って、できたてをお出しします。
　プディングはできたらすぐ食べきることをお勧めしますが、密封容器に入れて冷蔵庫で1日は保存できます。フードプロセッサーやミキサーにかける前の状態なら、冷蔵庫で3日までは日持ちします。食べる分だけミキサーにかけ、残りは次に食べるときまで保存しておくことをお勧めします。

付記： 寒天は日本の食料品店やオーガニックストアで、海藻類と一緒に売っています。寒天を使うコツは、材料と混ぜ合わせる前に完全に溶かすこと。このレシピでは最後にこし器で漉すので、溶け残った塊はそのときに取り除けます。しかし、最大限つやつやでなめらかな質感を出すためには、寒天を完全に煮溶かし、濃厚で透明感のあるゲル状にすることが大切です。

エルズワース・ケリーのファッジポップ
Ellsworth Kelly Fudge Pops

でき上がり：10本分　/　作業時間：15分
調理開始からでき上がりまで：2〜3時間

サンフランシスコ近代美術館の屋上「彫刻の庭」にあるブルーボトルのカフェで提供しているペイストリーは、すべて美術館に展示されている作品からインスパイアされたものです。一時期、圧倒的な存在感とともに展示してあったエルズワース・ケリーのステラ1（Stele1）という作品に触発され、このファッジポップを作りました。ステラ1は、鋼鉄でできた楕円形の巨大なオベリスク。表面には風化したような細工が施されています。私たちのファッジポップは色も表面の風化したような質感も、この巨大なオリジナル作品そっくりです。シリコン製のアイスキャンディー型もステラ1に瓜ふたつの形ですが、家で作るときは、どんな形の型でも使えます。

　このファッジポップは溶けやすいので、食べている間に溶け出して手がベタベタになりがち。実際、ステラ1が展示されていた頃は、大人も子どもも溶けだしたファッジポップを握り、落ちてくるクリームをなめながら、作品を眺める光景が毎日見られました。遠くから見ていると、まるで絵画のように愛おしく美しい光景でした。

材料の代用：レシピにコーヒーを少し加えても美味しいです（当然！）。コーヒーを使う場合は、コーヒー豆を一晩牛乳に浸して使うことをお勧めします。そうするとファッジの質感を損なうことなく、香ばしいコーヒーの風味を加えることができます。このレシピに取りかかる前の晩にコーヒー豆100gを牛乳に浸し、ラップをかけて冷蔵庫にねかせておいてください。コーヒー豆を浸した牛乳はこし器にかけ、生クリームには合わせず、チョコレートに混ぜ合わせます。型に入れ、レシピにあるように冷凍します。

ダークチョコレート（カカオ含有量62〜70%）……227g
バニラエクストラクト……小さじ1
生クリーム……300ml
牛乳……240ml（242g、成分無調整乳）

砂糖……50g
ココアパウダー（ダッチプロセスでないもの）……小さじ4
コーシャーソルト……小さじ½

ダークチョコレートを細かく砕きます（フードプロセッサーにかけてもOK）。大型のボウルに入れ、バニラエクストラクトを加えます。

　中型の厚手鍋に生クリームと牛乳、砂糖、ココアパウダー、コーシャーソルトを入れ、よく混ぜながらココアの塊を潰します。鍋肌に小さい泡が立ちはじめる（82〜88℃くらい）まで、中弱火にかけます。

　液体をダークチョコレートの上から流しかけ、完全に溶けるまでよく混ぜます。目の細かいこし器を通し、計量カップに入れます。

　アイスキャンディー型に生地を注いで凍らせます。もし型がなければ製氷器を使ってください。1時間冷凍し、アイスバーなどを差して、さらに冷凍します。食べるときには型をお湯にさっとくぐらせると、ファッジポップが簡単に取れます。冷凍庫で2週間ほど保存できます。

ブランデーケーキのアルボリオライスとアーモンド添え
Brandy Cake with Arborio Rice and Almonds

でき上がり：大きなひとかたまり8〜10人分　/　作業時間：2時間45分
調理開始からでき上がりまで：1〜3日

このケーキは、イタリアのボローニャ地方に伝わる伝統的なイースターのおやつです。イタリアのお祝い用のケーキは、オーブンから出したらすぐアルコールをかけるのが一般的。芳醇で深みがあり、大変手間のかかるケーキで、作ってから3〜4日後が一番美味しくいただけます。クリスマス用のフルーツケーキと似ていますが、このケーキはお祝いにふさわしい、美味しくて素敵なケーキです。こんがりと焼き上がったケーキは、ほんのりレモンの香りが漂い、アーモンドがたっぷり入っています。しっとりとした食感はライスプディングに似ていて、たっぷりとしみ込んだブランデーは美味しいナイトキャップ（寝酒）代わりにもなります。

　伝統的なレシピは、ケーキにラムをかけるのですが、伝統に少しアレンジを加えるのも面白いもの。私は焼き上がったケーキと2人の従順な試食係（ジェームスと友人のソムリエ、ポール・アインバンド）を「セント ジョージ スピリッツ」に連れていき、お店の樽で熟成されているブランデーの中からケーキに一番合うものを選びました。蒸留所の商品棚には、数えきれないほどの上質なウィスキーやブランデーが並んでいて、酒造家の1人デーブ・スミスが樽からサンプルを取り、テイスティングをさせてくれました。テイスティングしたお酒はどれも素晴らしく、買って帰ったものの中から年代物のソーヴィニヨン・ブラン・ブランデーをこのレシピに合わせることにしました。あいにく「セント ジョージ スピリッツ」はこのブランデーを小売りしていないので、家で作る場合は、他のお酒をいくつか試してみることをお勧めします。このケーキが特別なのは、合わせるお酒を自分好みで選べるところなのですから（「セント ジョージ スピリッツ」とお酒全般については、p.163のコラムを参照）。

牛乳……945ml（968g、成分無調整のもの）
砂糖……300g
アルボリオライス（イタリア産のリゾット用米）……65g
コーシャーソルト……小さじ1
レモンの皮（細かくすりおろしたもの）……½個分

アーモンド……80g
卵……4個（200g、室温に戻したもの）
卵黄……1個分（19g、室温に戻したもの）
ブランデー……大さじ3
（アルコール度数40度のもの、好みで量を調節してください：付記参照）

大型の厚手鍋に牛乳と砂糖250g、アルボリオライス、コーシャーソルト、レモンの皮を入れます。よくかき混ぜながら沸騰直前まで中火にかけます。このとき牛乳の泡が吹きこぼれないように注意しましょう。

　弱火にし、かき混ぜながら、ライスプディングのように濃度がつき水分がほとんどなくなるまで、じっくりと2時間かけて煮詰めます。きつね色になり少し水分が残った状態を目指します。必要に応じて火の強さは加減してください。スプーンで底をさわると、生地が分かれて鍋底が見える硬さが目安です。

　ボウルに移し、室温まで冷まします（この状態でフタをして冷蔵庫で3日間ねかせることも可能です）。

　中型の厚手のフライパンにアーモンドを入れ、こまめにゆすりながら、香りが立ち、焼き色がつくまで5分ほど中火で炒めます。完全に冷えてから粗くみじん切りにします。

　オーブンを175℃に予熱します。13cm×23cmのローフ型（できれば耐熱ガラスか陶器のもの）にベーキ

ングシートを敷きます。その際、ローフ型の長いほうの辺を少し長めに敷きこみます。

　　　　ミキサーに泡立て器をつけて中速に設定し、卵と卵黄をボウルに入れ、10 秒間混ぜます。泡立てながら、砂糖の残り 50g をゆっくりと加えていきます。

　　　　スタンドミキサーを高速にし、柔らかい角が立つくらいまで 8 〜 10 分ほど混ぜます。

　　　　スタンドミキサーを中速にし、生地を 4 回に分けて加えます。ボウルの内側についた生地をきれいにしたらアーモンドを入れ、ゴムベラで生地を折り込むようにして、アーモンドを均一に混ぜます。

　　　　用意したローフ型に生地を流し込みます。オーブンに入れ 40 分焼いたあと、焼き色が均一になるようにローフ型を反転させ、さらに 20 分間、表面が黄金色になり、軽く押したときに弾力が感じられるようになるまで焼きます。

　　　　オーブンから出したらすぐ表面を串で 15 カ所ほど刺し、ブランデーが流れ込む深い穴を開けます。ブランデーをケーキにかけ、ローフ型に入れたまま 30 分ほど冷まします。

　　　　ローフ型の短い辺に沿ってナイフを入れ（このあたりはベーキングシートで覆われていない）作業台の上でケーキをひっくり返して型を外します。シートをはがしたらケーキの膨らんだほうを上にして、完全に冷まします。ラップできっちり包み、室温で少なくとも 1 日ねかせます。もし待てるのであれば、2 〜 3 日おくと味が染みて美味しくなります。

付記：お酒はほんのり香る程度が理想です。このレシピで使用しているのは 40 度のブランデーなので、香りが足りなくてもブランデーをかけすぎないようにしましょう。

ピクシータンジェリンのシフォンケーキ、バニラスイスメレンゲ添え
Pixie Tangerine Chiffon Cake with Vanilla Swiss Meringue

でき上がり：直径 23㎝の丸型ケーキ 1 台　6〜8 人分　/　作業時間：1 時間
調理開始からでき上がりまで：4 時間 30 分

2008 年、ジェームスと私は友人のジェイ・エガミ（p.91 参照）と一緒に、東京にはじめて旅行に行きました。東京で一番興奮した場所が、渋谷駅の近くにあるカフェ「茶亭 羽當」。今でも、私たちにとって一番のお気に入りの場所です。ジェームスが p.84 で説明している通り、傑作とも言える上質なコーヒーはもちろん、丁寧に 1 杯 1 杯コーヒーを淹れる様子はショーと呼べるほど素晴らしいものでした。そして、あのシフォンケーキが出てきたのです。

　　シナモンの入ったバナナ味の生地にチョコレートのデコレーションが施されたそのシフォンケーキは、もちろん絶品だったのですが、ケーキを出す手順も印象的でした。コーヒーのオーダーの合間を縫って、バリスタがケーキの準備をするのですが、絶妙な具合にフロスティングを施すその慣れた手つきは「お見事」の一言。マスターはチョコレートのガナッシュを小さな銅製のポットに入れて温め、パレットナイフを使い自信に満ち溢れた見事な手さばきで、ケーキの側面、上部、シフォン型の穴の中まで、素早くクリームを塗ったのです。

　　あの東京での体験を再現したこのレシピには、私の故郷であるカリフォルニア州オジャイからのインスピレーションも入っています。オジャイは南カリフォルニアの小さな街で柑橘類が特産品。世界で唯一、ピクシータンジェリンを生産している場所でもあります。爽やかな酸味と甘みが混ざった種なしのタンジェリンは、フワフワした軽いシフォンケーキにぴったりです。「茶亭 羽當」のガナッシュも捨てがたかったのですが、私が長年やってみたかったことは、大きく背の高いケーキに真っ白でフワフワのスイス・メレンゲをたっぷりのせることでした。おとぎ話のように、メレンゲがうずたかく積まれたケーキを美しい台座にのせる。自分自身で再現できたときは、まさに夢が叶った瞬間でした。

　　いくつかの重要なポイントを書いておきます。ケーキは前日に作っておくといいでしょう。シフォン型から外したら、ラップで丁寧に包み、冷蔵庫で保存してください。メレンゲは仕上げるときに作り、食べる直前にケーキに塗ってください。

材料の代用：ピクシータンジェリンはなかなか手に入りにくいので、クレメンタインや温州みかんなど、小さくて甘い柑橘類の果汁と皮でも代用が利きます。その他の柑橘類でも大丈夫です。その場合、果汁 60㎖と水 60㎖を合わせて使ってください。私はライムやユリーカレモン、柚子などを使うのも好きです。

ケーキ
中力粉……245g
コーンスターチ……31g
ベーキングパウダー……大さじ 1
砂糖……300g
タンジェリンの皮……大さじ 2
（細かくすりおろした、小型のタンジェリン約 5 個分）

コーシャーソルト……小さじ 1
エクストラバージンオリーブオイル……54g
卵黄……7 個分（133g、室温に戻したもの）
タンジェリンの果汁（絞りたてのもの）……120㎖
プレーンヨーグルト……184g
卵白……7 個分（210g、室温に戻したもの）
クリームオブターター（卵白安定剤）……小さじ ½

メレンゲ
砂糖……200g
卵白……4個分（120g、室温に戻したもの）
バニラエクストラクト……小さじ1

ケーキの作り方

オーブンを165℃に予熱しておきます。23cm径のシフォン型（底が外れるタイプ）を用意します。

　ベーキングシートの上で、中力粉とコーンスターチ、ベーキングパウダーを合わせて5回ふるいにかけ、ふるい終わったら大きなボウルに入れます。

　中型のボウルに砂糖、タンジェリンの皮、コーシャーソルトを加えます。両手を使ってマッサージするように握りながら混ぜ合わせ、タンジェリンの皮の油分が砂糖に移るようにします。砂糖がオレンジ色になりタンジェリンの香りが移れば、柑橘系の風味が強くなります。ふるいにかけた粉類に加えてよく混ぜます。

　粉類の真ん中にくぼみを作ります。エクストラバージンオリーブオイルと卵黄、タンジェリンの果汁をそのくぼみに入れ、卵黄を崩しながら全体を混ぜ合わせます。さらにゴムベラを使い、よく混ぜ合わせたらヨーグルトを加え、生地が均一になるまで混ぜます。

　スタンドミキサーに泡立て器をつけ中速に設定し、ボウルに卵白とクリームオブターターを入れ、柔らかい角が立つくらいの硬さになるまで6分ほど混ぜます。

　卵白を生地に加え、ゴムベラで生地を折り込むようにして混ぜ合わせます。卵白の白い線が見えなくなるまで、素早く丁寧に混ぜます。

　シフォン型に生地を入れ、パレットナイフかゴムベラで表面を平らにします。ケーキに焼き色がつき表面を押したとき弾力を感じるまで、55～60分ほど焼きます。途中30分くらいで表面が均一に焼けるよう、型を反転させてください。

　オーブンから出して型をひっくり返し、穴の部分に小さい瓶を入れて立て、室温で2時間ほど冷まします。冷えたらパレットナイフを型の周りに差し込み、ひっくり返して皿にケーキを出します。

メレンゲの作り方

ケーキを出す直前にボウルにすべての材料を入れ、湯せんでメレンゲの材料すべてを温めます。泡立て器を使い、砂糖が溶け、卵白が少し温かくなるまで（54℃くらい）すべてが混ざるように混ぜます。

　次にスタンドミキサーのボウルに移し、中速で卵白に角が立つようになるまで6分ほど泡立てます。

ケーキと組み合わせる

小さいボウルにメレンゲを60gほど入れます。パレットナイフを使い、素早く（メレンゲは冷めると固くなってしまいます）ケーキの表面にメレンゲを薄く塗っていきます。薄く塗るのはこのあとメレンゲをのせるときに、表面からボロボロとケーキがはがれないようにするためです。それが済んだら、残りのメレンゲをケーキの側面と上部、そして最後に中心の穴にも塗ります。そしてすぐにお出ししましょう。

ブルーボトルの友人たちのレシピ

ローズ・レビー・ベランバウムのコーヒーパンナコッタ / 208
ダニエル・パターソンのコーヒーでローストしたニンジン、チコリーグラノーラ添え / 209
クリス・コセンティーノのイノシシ肉の蒸し煮、ライマメとベビーベジタブル添え / 213
スチュワート・ブリオザのツナメルトサンドイッチ、ピキーリョペッパー添え / 216
スチュワート・ブリオザのエッグサラダサンドイッチ、
ルッコラとアーモンドのペストとフェンネルのピクルス添え / 218
ノパのブルーボトルマティーニ / 221

ローズ・レビー・ベランバウムのコーヒーパンナコッタ
Rose Levy Beranbaum's Coffee Panna Cotta

でき上がり：6〜9人分　/　作業時間：20分
調理開始からでき上がりまで：2時間20分

私が最初にローズ・レビー・ベランバウムと会ったのは、彼女が『フードアートマガジン』で「ミエッテ」の記事を書いてくれたときでした。私は彼女が執筆した『ザ・ケーキ・バイブル』（The Cake Bible）でケーキ作りを学んだので、彼女に会うことにビクビクしていました。「きっと居丈高で手厳しい人だろう」と思っていたのですが、その予想は大きく外れました。ローズはそれまで私が出会った人の中でも特にやさしくて寛容な人でした。チャーミングに見える一方で、高い志を持っています。「リサーチのために」とブルックリン中のドーナツショップ15店を食べ歩くなど、飛び抜けた行動力と経験を持つ彼女は、このフード業界のトップのような存在です。私たちは古くからの友人で、近所にいることがわかれば、お互いに飛んで会いにいく仲です。

　　ローズはブルーボトルの大ファンで、この本にレシピの提供をお願いした最初の1人です。彼女はコーヒーを使った魔法のようなレシピを作り出します。まさに魔法なのです！　彼女のレシピでは、シンプルな食材だけしか使っていません。ローズは美味しく作るための秘訣として、高品質の生クリームとできるだけ新鮮なコーヒー、そして良質なバニラエクストラクトを使うようにとアドバイスしてくれました。

材料の代用：ブルーボトルのスリーアフリカズの代わりに、別のコーヒーを使うこともできます。

生クリーム……530ml
砂糖（タービナドか粗糖がよいです）……85g
ブルーボトルのスリーアフリカズのコーヒー
（細かく挽いたもの）……20g

粉ゼラチン……小さじ1½
バニラエクストラクト……小さじ1½
泡立てた生クリーム（飾りつけ用）……適量
チョコレートコーティングしたコーヒー豆（飾りつけ用）……適量

60mlのデミタスカップか、小さなデザートカップ、もしくはプリンカップを9個用意します。

　　小鍋に生クリームと砂糖、コーヒーを入れて混ぜます。粉ゼラチンをふりかけて最低3分そのままにします。ゼラチンを混ぜながら、中火にかけ、鍋の肌から小さな泡が立ちはじめる（82〜88℃くらい）まで混ぜます。

　　細かい目のこし器か、チーズこし器で漉したあと、中型のボウルに入れます。バニラエクストラクトを入れて混ぜたら、カスタードカップに注ぎます。

　　しっかりとフタをしたら、最低2時間冷やします。泡立てた生クリームとチョコレートでコーティングされたコーヒー豆をお好みで添えます。ラップで密閉しておけば冷蔵庫で3日間ほど日持ちします。

ダニエル・パターソンのコーヒーでローストしたニンジン、チコリーグラノーラ添え
Daniel Patterson's Coffee-Roasted Carrots with Chicory Granola

でき上がり：4人分　/　作業時間：30分
調理開始からでき上がりまで：1時間30分

サンフランシスコのレストラン、「クワ」(Coi)とオークランドのレストラン「プラム」(Plum)と「ヘイブン」(Haven)のオーナーシェフ、ダニエル・パターソンは私の良き友人です。ダニエルにはじめて、ジェームスとデートしていることを話したとき、彼の反応は「"あの"ジェームス？　堅苦しくて、"水の温度が適温じゃないぞ！"って言うジェームス？」でした（笑）。何が面白いかというと、世の中で唯一、堅苦しさでジェームスと競えるのは、当のダニエル本人だけということです。ジェームスにその話をしたら、マキアートを片手に、「堅苦しい？　この僕が堅苦しいだって？」と案の定な返事をくれました。なんだか、どんぐりの背比べのようですが……。もちろん、ジェームスとダニエルは以降、長きにわたる良い友人になりました。

　ジェームスと私はダニエルのレストランの大ファンです。特に「クワ」は何とも魅力的なレストランで、そこでの食事は、私のシェフとしての人生に大きな影響を与えてくれました。「クワ」の代表的なメニューは、10皿プラスアルファのコース。1皿の料理はとても小さく、丁寧に調理された最高級の食材が際立っているのが特徴です。季節の野菜を調理するときにダニエルの才能はもっとも輝きます。画期的な技と絶妙な食材の組み合わせで、野菜の旨みを最大限に引き出すのです。固定観念が崩れ去るような絶品の料理の中でも私たちが畏敬の念さえ抱いたのが、ニンジンのコースでした。そう、"ニンジン"です。このコースを食べてからジェームスはダニエルに"ニンジンの天才"というあだ名をつけました。

　このレシピは、ダニエルが「クワ」のコースから紹介してくれたものです。皮つきのまま甘くローストし、スライスしたニンジンに、クリームフレイズ、コリアンダーの花、シーソルト、エクストラバージンオリーブオイルを数滴加え、さらにチコリーのグラノーラと細かく挽いたコーヒーを振りかけて仕上げます。デザートでもないし、パンチの効いた料理でもありませんが、いわば、その両方でもあるのです。そんなこの一皿は、「クワ」では料理とデザートの間に組み込まれています。ダニエルはこの料理には、ブルーボトルのデカフェノアールを合わせると酸味がない深いコクを楽しめるといいます。グラノーラのレシピは4カップ分以上あるので、この料理分以上ありますが、残ったら朝食用として使えますし、密封容器に入れて室温で1週間ほど保存できるので、多めに作っておくといいでしょう。

ニンジン
甘味のあるヤングキャロット……341g
（葉つき、洗ってカットしておく）
エクストラバージンオリーブオイル……適量
シーソルト（カリカリした食感のもの）……適量
ブルーボトルのデカフェノアール（豆のまま）……130g

グラノーラ
オーツ麦フレーク（ロールドオーツ麦）……200g
ブラウンシュガー（ライト）……72g

無塩バター……57g
はちみつ……小さじ2
チコリーの根（細かく挽いたもの）……小さじ2
コーシャーソルト……小さじ½

クレームフレーシュ……116g
エクストラバージンオリーブオイル（飾りつけ用）……適量
シーソルト（カリカリした食感のもの、飾りつけ用）……適量
コリアンダーの花、
またはコリアンダーの葉（小さいもの、飾りつけ用）……適量
コーヒー（挽いたもの、飾りつけ用）……適量

ニンジンの作り方

オーブンを 165℃に予熱します。ニンジンにエクストラバージン少量のオリーブオイルをからめ、シーソルトで軽く味つけします。ニンジンの甘い香りが残る程度にしましょう。

　　　ダッチオーブン、またはオーブン用のロースティングポットにコーヒー豆を入れ、ニンジンも加えてフタをして、ニンジンが柔らかくなるまで 1 時間から 1 時間 15 分ほど火にかけます。加熱後は鍋に入れたまま冷まします。ニンジンは冷めるにつれて固くなります。

グラノーラの作り方

オーツ麦のフレークを中型のボウルに入れます。ブラウンシュガーとバター、はちみつを小型の鍋に入れ、中火にかけます。よく混ぜながら全体が溶けて沸騰したら、すぐにオーツ麦フレークにかけます。チコリーとコーシャーソルトを加え、全体を混ぜます。

　　　重ねたベーキングシートの上に生地をのせ、均一の厚さになるように広げます。オーブンに入れ、ときどき混ぜながら、きつね色になるまで 25 分ほど焼きます。焼けたら完全に冷まします。冷めるにつれてグラノーラはカリカリとした食感になります。密封容器に入れておけば室温で 1 週間ほど日持ちします。

盛りつけ

ニンジンを鍋から出し、コーヒー豆をはらいます。左ページの写真のような " そぎ切り " にして、ニンジンのスライスを作ります。クレームフレーシュ小さじ 2 を皿に広げ、1 皿につき 4 切れずつニンジンをのせます。エクストラバージンオリーブオイルを数滴、カリカリのシーソルト、コリアンダーの花をお好みで飾ります。さらに上からグラノーラと挽いたコーヒーをふりかけたら、できたてをお出しします。

付記：チコリーの根のみじん切りは、オーガニックストアに売っています。

クリス・コセンティーノのイノシシ肉の蒸し煮、ライマメとベビーベジタブル添え
Chris Cosentino's Braised Boar Shoulder
with Gigante Beans and Baby Vegetables

でき上がり：6人分　/　作業時間：1時間30分

調理開始からでき上がりまで：3時間

クリス・コセンティーノは土曜日に開催されているフェリープラザのファーマーズマーケットで一番よく写真を撮られている人物でしょう。テレビチャンネル『フードネットワーク』の重鎮であり、おそらくサンフランシスコでもっとも顔の知られたシェフですが、彼は今でも自分のレストラン、「インカント」（Incanto）と「サルメリア・ボッカローネ」（Salumeria Boccalone）のキッチンに立って料理を作っています。食材の買い出しにも意欲的で、土曜日は朝一番にフェリープラザのマーケットに現れ、人に気づかれる前にショッピングカートにどんどん食材を詰め込んでいきます。まるでひと昔前に流行ったテレビ番組『スーパーマーケット・スウィープ（スーパーマーケット・ショッピング合戦）』のように。彼の場合、オーガニック食材ばかりを買う"オーガニック・バージョン"のショッピング合戦です。いつも彼の息子イーストンが、フルーツや野菜に埋もれるようにしてショッピングカートに乗っています。イーストンは私たちの息子ダニエルより2つ年下ですが、2人は大の仲良し。息子たちを通じて、ジェームスと私は、クリスとタティアナ（クリスの奥様）と知り合い、日曜日の午後を一緒にゆったりと過ごす、気のおけない仲間になりました。この本に載せる肉を使ったレシピをお願いするのはクリスしか考えられなかったので、その素晴らしさに感激です。

　このレシピは一晩、肉をマリネします。クリスは調理した肉をさらにもう一晩おくことも勧めています。そうすると肉にコーヒーとチョコレートが入った漬け汁の風味と旨みが浸み込むからです。豆を調理するときに、じゃがいもを加えるのは素晴らしいアイデアです。調理中、豆の皮がどんどんむけていくので手間が省けます。

材料の代用： 野生のイノシシの肉は豚の肩肉で代用できます。ブルーボトルのジャイアント・ステップスの代わりに他のコーヒーを使っても結構です。ベビーベジタブルと新鮮な豆はファーマーズマーケットで手に入ります。もし新鮮なライマメが見つけられない場合は、乾燥の白豆（455g）を一晩水に浸せば代用可能です。乾燥させた豆は新鮮な豆に比べ、調理時間が3倍かかります。ベビーフェンネルや小さいカブが見つからない場合は、通常のフェンネルを1/4に切って、湯がいて柔らかくしてから使いましょう。

イノシシ肉の蒸し煮
ブルーボトルのジャイアントステップ（豆のまま）……43g
ジュニパーベリー……小さじ1
野生のイノシシの肩肉（骨無し）……1.4g
コーシャーソルト……適量
黒コショウ（挽きたて）……適量
黄タマネギ（さいの目切り）……1個
ニンジン（さいの目切り）……1個

フェンネルの根（みじん切り）……1個
フェンネルの茎（6mmに薄切り）……1本
ニンニク（潰したもの）……5かけ
赤ワイン……475ml
ラード……大さじ2
ポークストックまたはチキンストック……1.2ℓ
ダークチョコレート（カカオ含有量72%、粗く砕く）……57g
ベイリーフ（新鮮なもの）……2枚

豆
新鮮なライマメ（皮つきのもの）……豆だけで1.8kgほど
じゃがいも（ラセット種、皮をむく）……1個
タマネギ（皮をむく）……1個
ニンニク（1かけずつ分ける）……1個
ベイリーフ……1枚
タイム……1枝
エクストラバージンオリーブオイル……適量
コーシャーソルト……適量
黒コショウ（挽きたて）……適量

ベビーベジタブル
ベビーキャロット（皮をむく）……12本
コーシャーソルト……適量
小さなカブ……12個
ベビーフェンネルの根……12個

イノシシ肉の蒸し煮の作り方

レシピの半量のコーヒーとジュニパーベリーをスパイス用グラインダーに入れ、パウダー状になるように挽きます。このパウダーをイノシシの肩肉の全体にまぶし、コーシャーソルト、黒コショウをふります。肩肉、タマネギ、ニンジン、フェンネルの根、フェンネルの茎、ニンニク、赤ワインが入るくらいの鍋かボウルに入れたら、フタをして冷蔵庫で最低6時間、最長で15時間ねかせます。

　　オーブンを150℃に予熱します。

　　肩肉を取り出し、水分をふき取ります。野菜を取り出し、漬け汁は別に取っておきます。オーブンに入るサイズのダッチオーブン、またはローストポットにラードを入れ、中強火にかけます。肩肉を入れ、焼き色がつくまで10分ほど焼きます。

　　肩肉を取り出し、野菜をすべて入れてときどきかき混ぜながら、野菜の表面があめ色になるまで10分ほど炒めて鍋から取り出します。

　　残りのコーヒーを挽きます。先ほどのダッチオーブン、またはローストポットに野菜の漬け汁を入れ、コーヒーを加えて火にかけます。沸騰したら弱火にして、よく混ぜながら水分がほぼなくなるまで、弱火で4分ほど加熱します。チキンストックまたはポークストックのうち950mlを加え、中強火で沸騰させたら、弱火にして数分温めます。チョコレートを加え、溶けるまでかき混ぜたら火からおろし、数分おいて冷まします。必要ならば漬け汁を数回に分け、フードプロセッサーにかけてなめらかにし、目の細かいこし器で漉します。

　　肩肉を鍋に戻し、こし器にかけた漬け汁を加え、肩肉の3/4が浸かるように残りのチキンストックまたはポークストックを加えて調節します。ベイリーフを加えて火にかけ中強火で沸騰させ、火からおろしてそのままオーブンに移します。フタをしないで2時間30分ほど、フォークで簡単に刺せるくらいまで焼きます。焼き過ぎると肉が乾燥してしまうので、ときどき汁を肉にかけます。冷ましたらフタをして、冷蔵庫で一晩ねかせます。

豆の作り方

ライマメ、じゃがいも、タマネギ、ニンニク、ベイリーフ、タイムを鍋に入れ、鍋底から8cmくらいまで水を注ぎ、中火にかけて軽く煮ます。このときライマメがゆで上がると皮が破けて崩れてしまうので、ゆで過ぎないように注意します。火を中弱火に弱め、材料が柔らかくなるまで豆の状態に注意しながら、30～60分かけて煮込みます。じゃがいもとタマネギ、ニンニク、ベイリーフ、タイムを取り除きます（ここまでは前日に作っておくこともできます。その場合、完全に冷めたあと、密閉容器に汁ごと移し、冷蔵庫にねかせておきます）。ライマメを

取り出し、汁は別に取っておきます。豆にエクストラバージンオリーブオイルを少量かけ、コーシャーソルトと黒コショウで味を整えたら、冷めないようにおいておきます。

ベビーベジタブルの準備
鍋に冷たい水とコーシャーソルトをひとつまみ加え、ベビーキャロットを入れます。中強火で煮たら、弱火にし、フタをしてベビーキャロットが柔らかくなるまで3分ほど煮込みます。穴の開いたお玉でベビーキャロットをすくい取り、カブを加えて同じ手順を繰り返します。ベビーキャロットもカブも冷めないようにおいておきましょう。大鍋に水を入れ、中強火にかけ沸騰させます。ベビーフェンネルを入れ、2分ほど湯がいてフォークが通るくらい柔らかくし、水気を切って冷めないようにおいておきます。

盛りつけ
肉と漬け汁を中火にかけ温めます。底の浅い皿6枚に、野菜と豆を分け、野菜が入っていた汁も少し加えます。その上に肩肉の蒸し煮と漬け汁も少し加えて、できたてをお出しします。

スチュワート・ブリオザのツナメルトサンドイッチ、ピキーリョペッパー添え
Stuart Brioza's Tuna Melt Sandwiches with Piquillo Peppers

でき上がり：4人分　/　作業時間：35分
調理開始からでき上がりまで：45分

友人のスチュワート・ブリオザは、現在では閉店したサンフランシスコのレストラン、「ルビコン」(Rubicon)のエグゼクティブ・シェフをしながら、ミントプラザ店のコンサルタントを務めてくれていました。現在は、奥さんのニコル・クラシンスキーと「ステート バード プロビジョンズ」(State Bird Provisions)という素晴らしいレストランを経営しています。スチュワートはこのうえなく美味しいのに、さりげなくシンプルな一皿を作り上げる才能の持ち主。このサンドイッチの深い旨みは、ブリニーオリーブとコクのある自家製アイオリソース、ピメントペッパーの入ったオイル漬けの高品質なツナの絶妙な組み合わせによるものです。レシピにあるアイオリソースの材料は、サンドイッチに使う量よりも多くなっていますが、冷蔵庫で3日間は日持ちするので、ほかのサンドイッチ用やディップソースとして、ぜひ使ってください。

材料の代用：ブルーボトルでは、オーティズのツナとピキーリョペッパー、カステルベトラノのオリーブを使っていますが、これらがなくても、ツナのオイル漬け、ローストした赤パプリカ、マイルドな味のグリーンオリーブ（できればイタリア産）で代用できます。

アイオリ
卵黄……2個分（38g、室温に戻しておく）
レモン果汁（絞りたて）……大さじ1
ニンニク（みじん切り）……1かけ
パプリカパウダー……大さじ2
レモンの皮（細かくすりおろす）……小さじ1
エクストラバージンオリーブオイル……161g
コーシャーソルト……適量
黒コショウ（挽きたて）……適量

ツナサラダ
ピキーリョペッパー……4缶
ツナのオイル漬け（できれば地中海産、オイルを切っておく）……255g
ケッパー（水気を切り、みじん切り）……大さじ2
グリーンオリーブ（できればカステルベトラノのもの、みじん切り）……大さじ2
コーシャーソルト……適量
黒コショウ（挽きたて）……適量

サンドイッチ用パン4枚、
またはフランスパン……1本（4等分して横にスライスする）
プロボローン・チーズ（すりおろし）……100g

オーブンを220℃に予熱します。

アイオリソースの作り方
卵黄とレモン果汁、ニンニク、パプリカパウダー、レモンの皮を大型のボウルに入れ、垂らすとリボンのような線ができるぐらいの状態になるまで泡立て器で混ぜます。材料をすべてスティックブレンダーにかけてもOK。数滴ずつエクストラバージンオリーブオイルを加えながら、全体がよく混ざりなめらかになるまで、泡立て器で混ぜます。加えるエクストラバージンオリーブオイルは、最初は数滴ずつ、そして徐々に増やしていきます。ソースが乳化してきたら、加えるエクストラバージンオリーブオイルの量を増やし、さらによく混ぜます。アイオ

リソースはマヨネーズと同じ質感になるようにします。もし濃度がつき過ぎたら、少量の熱湯を小さじ1ずつ加えてください。最後にコーシャーソルトと黒コショウで味を整えます。

ツナサラダの作り方
ピキーリョペッパー2缶分を粗くみじん切りにし、中型のボウルに入れます。そこにツナのオイル漬け、ケッパー、グリーンオリーブを加えて混ぜ、アイオリソースを加えてさらに混ぜます。加えるアイオリソースの量は、ちょうどツナサラダとパンがつくぐらい。決してつけ過ぎないようにしましょう。最後にコーシャーソルトと黒コショウで味を整えます。

サンドイッチの盛りつけ
残りのピキーリョペッパー2缶分を縦長に切り、サンドイッチ用のバンズを横にスライスし、下のパンに置きます。ツナサラダを4等分にし、1/4ずつ重ねておきチーズをかけます。パンを重ねず、ツナサラダをのせたパンとその横に切り分けたもう一方のパンを置き、オーブンまたはトースターに入れ、チーズが溶けパンに焼き色がつくまで5～7分ほど焼きます。最後にパンを上から重ね、熱いうちにお出しします。

スチュワート・ブリオザのエッグサラダサンドイッチ、ルッコラとアーモンドのペストとフェンネルのピクルス添え
Stuart Brioza's Egg Salad Sandwiches with Arugula-Almond Pesto and Pickled Fennel

でき上がり：4人分　/　作業時間：30分
調理開始からでき上がりまで：1時間45分

ベイエリアにあるブルーボトルのほぼすべての店舗では、フランスの駅で売っているようなシンプルなサンドイッチをメニューに入れています。ミントプラザ店には小さいながらもゴージャスなキッチンと、卵のことを知り尽くしている優秀なシェフがいるので、ほかの店舗よりも贅沢なサンドイッチを用意しています。このレシピは、前述のスチュワート・ブリオザが私たちのために作り上げてくれた貴重なもう一皿。風味豊かなルッコラとアーモンドのペストを加えた固ゆで卵にフェンネルのピクルスを重ね、その上にフィオレサルドチーズ（羊のミルク産、またはサルデーニャ島のペコリーノチーズ）をのせると、どこか懐かしく、驚くほど美味しいランチができ上がります。ここではサンドイッチで使う量以上に、フェンネルのピクルスとペストを作りますが、フェンネルは、ほかのサラダやサンドイッチに、そしてペストはパスタやオーブントーストサンドのスプレッドとしても重宝します。冷蔵庫で密閉容器に入れていればフェンネルは2日、ペストは4日まで保存できます。

フェンネルのピクルス
フェンネルの根（薄切り）……1個
レモン果汁……1個分
エクストラバージンオリーブオイル……大さじ1
コーシャーソルト……適量
黒コショウ（挽きたて）……適量

ペスト
アーモンド……80g
ルッコラ（パックのもの）……80g
イタリアンパセリ（パックのもの）……57g
フィオレサルドチーズまたは他の種類の
ペコリーノチーズ（削っておく）……28g
水……60ml
エクストラバージンオリーブオイル……大さじ2

ローズマリーの葉……1枝分
ニンニク……1かけ（小さいもの）
コーシャーソルト……小さじ½
黒コショウ（挽きたて）……適量

エッグサラダ
卵……4個
エクストラバージンオリーブオイル……適量
コーシャーソルト……適量
黒コショウ（挽きたて）……適量

サンドイッチ用バンズ……4個、またはフランスパン……1本
（4等分して、横にスライスする）
フィオレサルドチーズまたは他の種類の
ペコリーノチーズ（スライスまたは削ったもの）……適量

フェンネルのピクルスの作り方
フェンネルをボウルに入れます。レモン果汁を入れエクストラバージンオリーブオイルをかけて、コーシャーソルトと黒コショウで味を整えます。全体を混ぜて、最低でも1時間、長くて2日ほどねかせます。

ルッコラとアーモンドのペストの作り方
アーモンドを厚手のフライパンに入れ、香りが立ち、焼き色がつくまで5分ほど中火で煎ったら、完全に冷ま

しておきます。

アーモンドをフードプロセッサーに入れ、ルッコラ、パセリ、チーズ、水、エクストラバージンオリーブオイル、ローズマリー、ニンニク、コーシャーソルトも加え、なめらかでクリーミーになるまで混ぜます。お好みで黒コショウを加えます。

エッグサラダの作り方とサンドイッチの盛りつけ
中鍋に水を入れて沸騰させ、同時に冷水をボウルに入れて用意しておきます。沸騰したお湯の中に卵をそっと入れ中弱火にし、8〜9分間ほどゆでます。穴のあいたお玉で卵をすくい、冷水の中に入れます。

卵の殻をむいてみじん切りにし、中型のボウルに入れます。ペスト60㎖を混ぜ、エクストラバージンオリーブオイルを少量垂らします（このエッグサラダは、通常のものより乾いていていいのです）。お好みでペストの量を増やし、コーシャーソルトと黒コショウで味を整えます。

エッグサラダを4等分し、パンにのせます。フェンネルのピクルスを卵にのせ、フィオレサルドチーズをその上からのせます。エクストラバージンオリーブオイルを少量垂らし、コーシャーソルトと黒コショウで味を整えます。

ノパのブルーボトルマティーニ
Nopa's Blue Bottle Martini

でき上がり：カクテル1杯分

ときどきブルーボトルの取引先の方から、「ブルーボトルのエスプレッソを使って新しいドリンクメニューを作りたい」と相談されることがあります。さまざまな風味や他の材料が主張して、エスプレッソの味わいが消えてしまうようなドリンクだった場合、私たちはがっかりしてしまいます。しかし、その一方で私たちが思いもつかなかったようなアイデアを提案してくれる仲間もいるのです。その1つが、サンフランシスコにあるレストラン、「ノパ」（Nopa）にあるレシピ。「ノパ」は私たちのお気に入りのレストランであると同時に、私たちの大口顧客でもあります。このレストランに出会ったことで、私たちはレストランで上質なコーヒーやエスプレッソを出すことが十分可能なのだと理解しました。「ノパ」のオーナー、ジェフ・ハナクから「バーマネージャーが考え出したブルーボトルマティーニをレストランで出してみたい」という話を聞いたとき、ジェームスはすぐにそのアイデアを気に入り、お店に出向いて早速マティーニを試してみました。それは素晴らしい味わいで、お店のメニューに加わった途端、ブルーボトルマティーニの人気は急上昇。バーテンダーは1日に何十杯もこのカクテルを作ることになりました。

　サンタテレサアラクはラムベースのコーヒーリキュールで、ベネズエラ産。もし見つけられないときは、ラムベース、またはテキーラベースのコーヒーリキュールでも代用できます。ケミカルな甘味を加えてしまうカルーアは避けたほうが無難です。エスプレッソは他の種類でも代用可能です。

ウォッカ……45㎖
サンタテレサアラク……30㎖
ブルーボトルのヘイズバレー エスプレッソ……1ショット

ウォッカとサンタテレサアラク、エスプレッソ、氷をカクテルシェーカーに入れてよくふり、大きめのカクテルグラスに、ストレーナーを通して注ぎ入れます。

索引
INDEX

ア

アーモンド：
スチュワート・ブリオザのエッグサラダサンドイッチ、ルッコラとアーモンドのペストとフェンネルのピクルス添え, 218
スモーキー・アーモンド・アイスクリームのアフォガード, 195
パリ風チョコレートマカロン, 175
ピゼッタ風ビスコッティ, 169
ブランデーケーキのアルボリオライスとアーモンド添え, 202
ブルーベリーのバックルケーキ、バニラとアーモンドのシュトロイゼルのせ（バリエーション）, 145
アイオリ, 216
アイダ・バトル, 26, 35
アイスクリーム：
塩チョコレートとバニラビーンズのアイスクリームサンドイッチ, 192
スモーキー・アーモンド・アイスクリームのアフォガード, 195
アジザ, 8
アブサン, 166
アルコール, 163
アルノ・ホルスシュー, 142
アンヘルとエンリケのアルグエロ兄弟, 152

イ

イスラコーヒー, 28
イタリアのエスプレッソ, 111
イチゴのバックルケーキ、レモンとピスタチオのシュトロイゼルのせ, 145
イブリック, 98
インカント, 213

ウ

ウィリアム・タビオス, 27
ウェイン・ティーボー, 132
ウォッカ：
ノパのブルーボトルマティーニ, 221
ウォルナッツ（くるみ）：
かぼちゃのバックルケーキ、スパイスを加えたくるみのシュトロイゼルのせ（バリエーション）, 145
ブラウンシュガーと冬スパイスのグラノーラ, 138

エ

エスプレッソ：
イタリアのエスプレッソ, 111
エスプレッソ作り, 102, 115
エスプレッソ作りに必要なもの, 110
エスプレッソの定義, 101
エスプレッソベースのドリンク, 123
エスプレッソ用のグラインダー, 104
エスプレッソ用のブレンド, 20, 119
クレマ, 118
スモーキー・アーモンド・アイスクリームのアフォガード, 195
ノパのブルーボトルマティーニ, 221
ブルーボトルのエスプレッソ, 119
ミルクのスチーム方法, 121
モカ, 127
リストレット, 119
その他、エスプレッソマシンを参照
エスプレッソマシン：
エスプレッソマシンの誘惑, 101
エスプレッソマシンの選び方, 108
エスプレッソマシンのクリーニング方法, 114
エスプレッソマシンの仕組み, 106
エスプレッソマシンの種類, 107
エスプレッソマシンの費用, 102, 108
エスプレッソマシンの部品, 102
温度の安定性, 114
エチオピアのコーヒー, 22
エルサルバドルのコーヒー, 26, 35
エルズワース・ケリーのファッジポップ, 200

オ

オーガニックコーヒー, 35, 37
オーツ麦：
スタウトコーヒーケーキ、ピーカンナッツとキャラウェイのシュトロイゼルのせ, 148
ダニエル・パターソンのコーヒーでローストしたニンジン、チコリーグラノーラ添え, 209
ブラウンシュガーと冬スパイスのグラノーラ, 138
オリーブオイルとローズマリーのショートブレッド, 181

カ

カタランエッグの野菜炒めとトマトソース添え, 154
カタリーナ・フリッチ, 192
カッピング：
カッピングで使用する言葉, 60
カッピングの定義, 60
カッピングの目的, 60
自宅でのカッピング, 63
カップオブエクセレンス（COE）, 24, 34

INDEX / 225

ガナッシュ：
　チョコレートガナッシュ, 127
　パリ風チョコレートマカロン, 175
　ブルックリン風ブートレッグスモア, 188
　モカ, 127
カフェラテ, 123
カプセルコーヒー, 106
カプチーノ, 123
かぼちゃ：
　かぼちゃのバックルケーキ、スパイスを加えたくるみのシュトロイゼルのせ（バリエーション）, 145
　かぼちゃのピューレ, 147
カルメン・オッパーマン, 3

キ
器具：
　お菓子作りのための器具, 133
　グラインダー, 75, 104
　コーヒー抽出のための器具, 70, 72, 91
　はかり, 62, 134
　その他、エスプレッソマシンを参照
キャロブパウダー：
　スモーキー・アーモンド・アイスクリームのアフォガート, 195

ク
クワ, 209
クッキー：
　オリーブオイルとローズマリーのショートブレッド, 181
　クッキーのサイズ, 162
　ゴマとアブサンを加えたシガレットクッキー, 166
　サフランとバニラのスニッカードゥードル, 158
　フェンネルとパルメザンチーズのショートブレッド, 184
　ジンジャーとモラセスのクッキー, 161
　ダブルチョコレートクッキー, 164
　トルココーヒーのショートブレッド（バリエーション）, 181

ピゼッタ風ビスコッティ, 169
グラインダー, 74, 104
グラノーラ：
　ダニエル・パターソンのコーヒーでローストしたニンジン、チコリーグラノーラ添え, 209
　ブラウンシュガーと冬スパイスのグラノーラ, 138
クリス・コセンティーノのイノシシ肉の蒸し煮、ライマメとベビーベジタブル添え, 213
クレマ, 118

ケ
計量：
　重さの量り方, 62, 134
　小麦粉の計量, 134
ケーキ：
　スタウトコーヒーケーキ、ピーカンナッツとキャラウェイのシュトロイゼルのせ, 148
　ピクシータンジェリンのシフォンケーキ、バニラスイスメレンゲ添え, 204
　ブランデーケーキのアルボリオライスとアーモンド添え, 202
　マドレーヌ, 172
　その他、バックルケーキを参照

コ
コーヒー（全般）：
　ウェットハリング, 19
　ウォッシュド（水洗式）, 16, 32
　エチオピア, 22
　エルサルバドル, 26
　オーガニック, 35, 37
　カプセルコーヒー, 106
　コーヒーの風味の評価, 60
　コーヒーの保存方法, 53
　コーヒーを挽く, 63, 75
　栽培, 14
　酸味, 23
　収穫, 15
　スマトラ, 25
　精選処理, 16, 18, 32

　ドライミリング, 19
　ナチュラル（自然乾燥式）, 16, 18, 32
　生豆, 13
　日本, 84, 88, 91
　パルプドナチュラル, 19, 24
　ハワイ, 27
　品種, 14
　ブラジル, 24
　ブラックコーヒー vs ミルクと砂糖入りコーヒー, 77
　ブレンド vs シングルオリジンコーヒー, 20
　その他、抽出、カッピング、エスプレッソ、焙煎を参照
コーヒー（レシピ）：
　クリス・コセンティーノのイノシシ肉の蒸し煮、ライマメとベビーベジタブル添え, 213
　サイフォンコーヒー, 95
　スモーキー・アーモンド・アイスクリームのアフォガード, 195
　ダニエル・パターソンのコーヒーでローストしたニンジン、チコリーグラノーラ添え, 209
　トルココーヒー, 99
　トルココーヒーのショートブレッド（バリエーション）, 181
　ネルドリップコーヒー, 88
　ノパのブルーボトルマティーニ, 221
　フレンチプレスコーヒー, 83
　ポアオーバーコーヒー, 79
　モカ, 127
　ローズ・レビー・ベランバウムのコーヒーパンナコッタ, 208
ゴマとアブサンを加えたシガレットクッキー, 166
小麦粉の計量, 134

サ
サーモカップル, 133
サイフォンコーヒー, 92
材料の計量, 134
茶亭 羽當, 84, 204

226 / THE BLUE BOTTLE CRAFT OF COFFEE

サ

サフラン , 160
サフランとバニラのスニッカードゥードル , 158
サラ・コックス , 188
サルメリア・ボッカローネ , 213
サンドイッチ：
 塩チョコレートとバニラビーンズのアイスクリームサンドイッチ , 192
 スチュワート・ブリオザのエッグサラダサンドイッチ、ルッコラとアーモンドのペストとフェンネルのピクルス添え , 218
 スチュワート・ブリオザのツナメルトサンドイッチ、ピキーリョペッパー添え , 216
サンフランシスコ近代美術館 , 9, 132, 192, 200
酸味 , 23

シ

ジーナ・ロッカノバ , 166
ジェイ・エガミ , 72, 91, 93, 204
ジェフ・ハナク , 221
塩 , 135, 165
塩チョコレートとバニラビーンズのアイスクリームサンドイッチ , 192
ジブラルタル , 124
ジャック・マーフィー , 169
ショートブレッド：
 オリーブオイルとローズマリーのショートブレッド , 181
 トルココーヒーのショートブレッド（バリエーション）, 181
 フェンネルとパルメザンチーズのショートブレッド , 184
ジョアン・オブラ , 28
 ピゼッタ風ビスコッティ , 169
 サフランとバニラのスニッカードゥードル , 158
ジョン・ラジーア , 175
ジンジャーとモラセスのクッキー , 161

ス

スタウトコーヒーケーキ、ピーカンナッツとキャラウェイのシュトロイゼルのせ , 148
スィート・バード・プロビジョンズ , 148, 216
スチュワート・ブリオザ , 142, 216, 218
スチュワート・ブリオザのエッグサラダサンドイッチ、ルッコラとアーモンドのペストとフェンネルのピクルス添え , 218
スチュワート・ブリオザのツナメルトサンドイッチ、ピキーリョペッパー添え , 216
スパイス , 163
スマトラのコーヒー , 25
スモーキー・アーモンドアイスクリームのアフォガード , 195

セ

セント ジョージ スピリッツ , 163, 202

ソ

ソース：
 トマトソース , 154
 ベシャメルソース , 155
 ルッコラとアーモンドのペスト , 218
ソルベルグ＆ハンセン , 36

タ

タナカバー , 144
ダニエル・パターソン , 197, 209
ダニエル・パターソンのコーヒーでローストしたニンジン、チコリーグラノーラ添え , 209
ダブルチョコレートクッキー , 164
卵：
 カタランエッグの野菜炒めとトマトソース添え , 154
 ステュワート・ブリオザのエッグサラダサンドイッチ、ルッコラとアーモンドのペストとフェンネルのピクルス添え , 218
 卵のサイズ , 135
 卵を室温に戻すには , 135
 ブルーボトルベネディクト , 155
 ポーチドエッグトースト , 152

チ

チョコレートプディング , 197
抽出：
 エスプレッソマシン , 70
 サイフォンコーヒー , 92
 準備するもの , 70
 トルココーヒー , 98
 ネルドリップ , 88
 フレンチプレス , 82
 ポアオーバー , 72, 79
 その他、エスプレッソを参照
朝食：
 イチゴのバックルケーキ、レモンとピスタチオのシュトロイゼルのせ , 145
 カタランエッグの野菜炒めとトマトソース添え , 154
 スタウトコーヒーケーキ、ピーカンナッツとキャラウェイのシュトロイゼルのせ , 148
 ブラウンシュガーと冬スパイスのグラノーラ , 138
 ブリュッセルワッフル , 144
 ブルーボトルベネディクト , 155
 ポーチドエッグトースト , 152
 ホームメイドヨーグルト , 141
 リエージュワッフル , 142
チーズ：
 スチュアート・ブリオザのツナメルトサンドイッチ、ピキーリョペッパー添え , 216
 フェンネルとパルメザンチーズのショートブレッド , 184
 ブルーボトルベネディクト , 155
チョコレート：
 エルズワース・ケリーのファッジポップ , 200
 ガナッシュ , 175
 ダブルチョコレートクッキー , 164
 チョコレートガナッシュ , 127

チョコレートサブレ , 192
チョコレートの選び方 , 135
チョコレートプディング , 197
パリ風チョコレートマカロン , 175
ブルックリン風ブートレッグスモア , 188
モカ , 127
チョコレートプディング , 197

テ
デイビッド・ショマー , 119
デザート：
　エルズワース・ケリーのファッジポップ , 200
　塩チョコレートとバニラビーンズのアイスクリームサンドイッチ , 192
　スモーキー・アーモンド・アイスクリームのアフォガード , 195
　チョコレートプディング , 197
　ピクシータンジェリンのシフォンケーキ、バニラスイスメレンゲ添え , 204
　ブランデーケーキのアルボリオライスとアーモンド添え , 202
　ブルックリン風ブートレッグスモア , 188
　ローズ・レビー・ベランバウムのコーヒーパンナコッタ , 208
　その他、クッキーを参照
デボラ・ダンスワース・クイン , 181

ト
ドーニャ・トマス , 4
トルココーヒー , 98
　トルココーヒーのショートブレッド（バリエーション）, 181

ニ
ニコル・クラシンスキー , 148, 184, 216
日本のコーヒー , 84, 88, 91

ネ
ネルドリップコーヒー , 88

ノ
ノパのブルーボトルマティーニ , 221

ハ
焙煎：
　1 ハゼ（ファーストクラック）, 50
　2 ハゼ（セカンドクラック）, 51
　自宅での焙煎 , 56
　焙煎に必要な器具 , 42, 48
　焙煎によって減る重さ , 52
　ブルーボトルの焙煎 , 41
　フレンチローストとイタリアンロースト , 51
はかり , 62, 134
バター , 135
バックルケーキ：
　イチゴのバックルケーキ、レモンとピスタチオのシュトロイゼルのせ , 145
　かぼちゃのバックルケーキ、スパイスを加えたくるみのシュトロイゼルのせ（バリエーション）, 145
　ブルーベリーのバックルケーキ、バニラとアーモンドのシュトロイゼルのせ（バリエーション）, 145
　ラズベリーとピーチのバックルケーキ、レモンとピスタチオのシュトロイゼルのせ（バリエーション）, 145
　ローストしたマンダリンオレンジのバックルケーキ、ピーカンナッツのシュトロイゼルのせ（バリエーション）, 145
ハム：
　ブルーボトルベネディクト , 155
パリ風チョコレートマカロン , 175
ハワイのコーヒー , 27, 32
パン：
　スチュワート・ブリオザのエッグサラダサンドイッチ、ルッコラとアーモンドのペストとフェンネルのピクルス添え , 218
　スチュワート・ブリオザのツナメルトサンドイッチ、ピキーリョペッパー添え , 216
　ブルーボトルベネディクト , 155
　ポーチドエッグトースト , 152

ヒ
ピエロ・バンビ , 111
ピーカンナッツ：
　スタウトコーヒーケーキ、ピーカンナッツとキャラウェイのシュトロイゼルのせ , 148
　ブラウンシュガーと冬スパイスのグラノーラ , 138
　ローストしたマンダリンオレンジのバックルケーキ、ピーカンナッツのシュトロイゼルのせ（バリエーション）, 145
ピーツコーヒー , 20, 25
ビール：
　スタウトコーヒーケーキ、ピーカンナッツとキャラウェイのシュトロイゼルのせ , 148
　ピクシータンジェリンのシフォンケーキ、バニラスイスメレンゲ添え , 204
ピスタチオ：
　イチゴのバックルケーキ、レモンとピスタチオのシュトロイゼルのせ , 145
　ラズベリーとピーチのバックルケーキ、レモンとピスタチオのシュトロイゼルのせ（バリエーション）, 145
ピゼッタ 211, 169
ピゼッタ風ビスコッティ , 169

フ
フェンネル：
　スチュワート・ブリオザのエッグサラダサンドイッチ、ルッコラとアーモンドのペストとフェンネルのピクルス添え , 218
　フェンネルとパルメザンチーズのショートブレッド , 184
ブラウンシュガーと冬スパイスのグラノーラ , 138
ブラジルのコーヒー , 24

ブランデーケーキのアルボリオライスとアーモンド添え, 202
ブリュッセルワッフル, 144
ブルックリン風ブートレッグスモア, 188
ブルーベリーのバックルケーキ、バニラとアーモンドのシュトロイゼルのせ（バリエーション）, 145
ブルーボトル：
　エスプレッソ, 119, 123
　カップオブエクセレンス オークション, 34
　栽培, 13
　焙煎, 41
　歴史, 4, 92
ブルーボトルベネディクト, 155
フレンチプレスのコーヒー, 82
ブレンド, 20
米国スペシャルティコーヒー協会, 62

ヘ
ベシャメルソース, 155
ペタ・リカタ, 28

ホ
ポアオーバーコーヒー, 72, 79
ポーチドエッグトースト, 152
ホームメイドヨーグルト, 141
ポール・アインバンド, 202
ボンマック, 91

マ
マイケル・ルチェッティ, 6, 164
マカロン, 175
マキアート, 123
マドレーヌ, 172
マルセル・プルースト, 172

ミ
ミエッテ, 6, 131
ミキサー, 133
R. ミゲル・メザ, 28
ミルクのスチーム方法, 121

ム
ムラド・ラルー, 8

メ
メイラード反応, 44
メグ・レイ, 131

モ
モカ, 127

ユ
UCC（上島珈琲）, 91

ラ
ラスティー・オブラ, 27
ラスティーズハワイアン, 27, 32

ラズベリーとピーチのバックルケーキ、レモンとピスタチオのシュトロイゼルのせ（バリエーション）, 145
ラ・マルゾッコ, 111
ラルフ・ガストン, 28

リ
リエージュワッフル, 142
リズ・ダン, 131

ル
ル サンクチュエール, 163
ルビコン, 188

ロ
ロイヤルコーヒー, 4, 42
ローストしたマンダリンオレンジのバックルケーキ、ピーカンナッツのシュトロイゼルのせ（バリエーション）, 145
ローズ・レビー・ベランバウム, 134, 208
ローズ・レビー・ベランバウムのコーヒーパンナコッタ, 208
ローリー・オブラ, 27, 32
ロザリオ・マッゼオ, 2

ワ
ワッフル：
　ブリュッセルワッフル, 144
　リエージュワッフル, 142

INDEX / 229

本書の原書は 2012 年 10 月 9 日にアメリカで刊行されました。そのため、現在のブルーボトルコーヒーのレシピ等とは一部異なる内容が記載されていることを特に附記します。

The Blue Bottle Craft of Coffee
Growing, Roasting, and Drinking, with Recipes
ブルーボトルコーヒーのフィロソフィー

著者: ジェームス・フリーマン　ケイトリン・フリーマン　タラ・ダガン
撮影: クレイ・マクラーレン
イラストレーション: ミシェル・オット

2017年11月10日　初版発行

発行者: 佐藤俊彦
発行所: 株式会社ワニ・プラス
　　　〒150-8482　東京都渋谷区恵比寿4-4-9　えびす大黒ビル7F
　　　電話 03-5449-2171（編集）
発売元: 株式会社ワニブックス
　　　〒150-8482 東京都渋谷区恵比寿4-4-9　えびす大黒ビル
　　　電話 03-5449-2711（代表）

装丁: 守先正（モリサキデザイン）
DTP: 小田光美（オフィスメイプル）
編集: 大井彩子（CafeSnap）
協力: 茶太郎豆央（松村太郎・河邉未央）、錦戸由貴子、中村洋子、古川晴子、宮﨑真紀

印刷・製本所: 中央精版印刷株式会社

本書の無断転写・複製・転載、公衆送信を禁じます。落丁・乱丁本は㈱ワニブックス宛にお送りください。送料小社負担にてお取替えいたします。ただし、古書店等で購入したものに関してはお取替えできません。

©Wani Plus Publishing Inc. 2017
ISBN 978-4-8470-9622-8
ワニブックスHP　https://www.wani.co.jp

The Blue Bottle Craft of Coffee
Growing, Roasting, and Drinking, with Recipes
Copyright © 2012 by James Freeman
Photographs copyright© 2012 by Clay McLachlan
These translation published by arrangement with Ten Speed Press
an imprint of the Crown Publishing Group, a division of Penguin Random House, LLC
through Japan UNI Agency, Inc., Tokyo

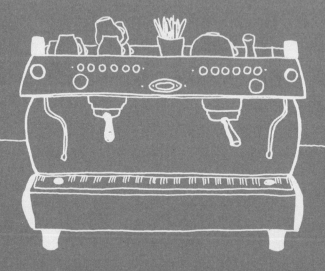